1 ||||| 数理工学 ライブラリー
室田一雄・杉原正顯 [編]

計算幾何学

杉原厚吉 [著]

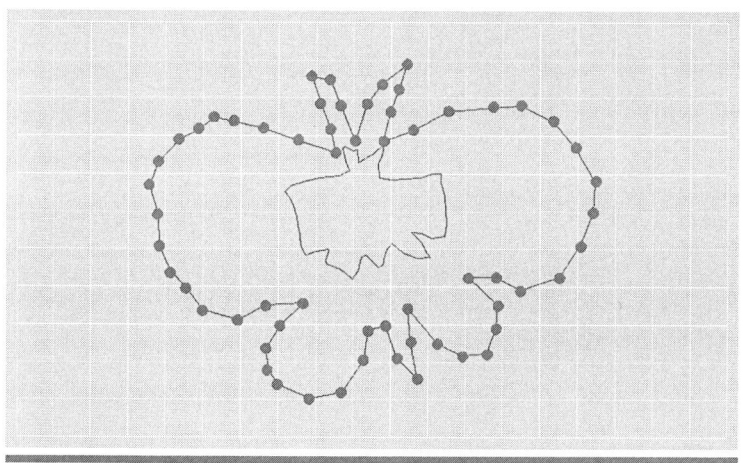

朝倉書店

はじめに

　本書は，計算幾何学の基本を，実用的側面に重点をおきながら解説したものである．

　計算幾何学は，図形に関する情報の効率的な処理・操作のための技術体系で，20世紀の中頃以降に発展した歴史の浅い分野である．幾何学自体は，古代ギリシャにさかのぼる長い歴史をもつが，それは無限や連続の概念をふんだんに用いた古典的数学としての体系であった．これに対して，20世紀に入るとコンピュータが発達し，図形に関する情報もコンピュータで扱いたいという要求が急速に高まった．これに応えようとしてでき上がったのが，計算幾何学である．コンピュータは，すべての計算を有限・離散のステップで実行する．無限・連続などの概念は陽にはコンピュータには乗らない．そのために，幾何学の体系を，有限・離散の言葉のみを用いて書き換えることが必要になった．計算機科学の多くの研究者がこれに参加し，その成果の総体が計算幾何学として形成されてきたわけである．

　計算幾何学の理論的側面については，国内外にすでに多くの定評のある教科書が出版されている．そして，それらの中には，応用についても詳しく書かれているものも少なくない．ただし，応用とはいっても，あくまでも計算は正しくできるという前提の上に立った理論的な応用の話題がほとんどである．

　それらと比較したとき，本書は理論を応用して実際にコンピュータで幾何情報に関する計算を行うところまで考慮しているところに特徴がある．とくに，コンピュータの中では，数値は有限のビット数で表現されるため，実数は近似値として表され，したがって計算も正しくは実行されない．この事実から目をそらして，計算は正しくできるという仮定のもとで作られた理論は，そのまま計算機プログラムの形に実装しても，理論どおりの性能を発揮できるとは限らない．計算誤差のために，理論では想定できない状況に陥ることがあるからだ．

　理論のもつこの欠陥を克服して，ロバストな計算法を確立するためには，計算は有限の精度でしか実行されないという現実から目をそらさないことが重要であ

る．そして，その前提の上で理論の体系を作る必要がある．すなわち，コンピュータで正常に動く計算法は，計算結果は誤差を含むという現実のコンピュータの限界を直視してはじめて作ることができる．そして，これはそんなに難しいことではない．誤差があることを認めようと開き直ってしまえば，案外簡単に道は開ける．これを実践しようとしたのが，本書の特徴である．

　計算幾何学の話題は多岐にわたる．それらを本書で網羅することは到底できない．本書では，ボロノイ図と呼ばれる勢力圏を表す図形とその応用を中心に題材を拾ってある．これらの題材を通して，誤差に対してロバストな計算幾何技術の考え方を理解していただき，それを他の幾何問題を扱う際にも適用できるマインドをもっていただければ，本書の目的は達成できたと思っている．

　本書を書くにあたって多くの人のお世話になった．実用から目をそらさない数理工学の考え方を教えていただいた恩師の伊理正夫先生，ロバスト計算幾何の研究に共に取り組んできた研究室の学生の皆さんや同僚の皆さん，8.2節のタイリングパターンを計算するプログラムを提供していただいた小泉拓氏，本書を書く機会を与えていただいた編集委員の東京大学 室田一雄教授，杉原正顯教授，原稿の清書を受けもっていただいた金崎千春さん，原稿の完成を気長に待っていただき，本の構成についても有益なアドバイスをいただいた朝倉書店編集部に感謝の意を表します．

2013年3月

杉 原 厚 吉

目　　次

1. 計算幾何学の歴史と考え方 ………………………………………… 1
   1.1 歴　　史 …………………………………………………………… 1
   1.2 考　え　方 ………………………………………………………… 5
      1.2.1 凸図形と凸包 ……………………………………………… 6
      1.2.2 向きの判定 ………………………………………………… 7
      1.2.3 素朴な判定 ………………………………………………… 9
      1.2.4 計算量というものさし …………………………………… 12
      1.2.5 最悪ケースを重視する計算法―逐次添加構成法 ……… 15
      1.2.6 平均ケースを重視する計算法―クイックハル法 ……… 17
      1.2.7 出力に依存する計算量をもつ計算法―包装法 ………… 18
      1.2.8 退化と数値誤差の問題 …………………………………… 21
   1.3 章末ノート ………………………………………………………… 26

2. 超ロバスト計算原理―整数帰着法と記号摂動法― ……………… 28
   2.1 整数帰着法 ………………………………………………………… 28
   2.2 無限小記号 ………………………………………………………… 31
   2.3 多項式が作る順序環 ……………………………………………… 32
   2.4 記　号　摂　動 …………………………………………………… 35
   2.5 浮動小数点加速 …………………………………………………… 39
   2.6 章末ノート ………………………………………………………… 40

3. 交点列挙とアレンジメント …………………………………………… 42
   3.1 線分の交差検出問題 ……………………………………………… 42
      3.1.1 2線分の交差判定 ………………………………………… 42
      3.1.2 平面走査法 ………………………………………………… 44

    3.2 線分の交点列挙 ………………………………………… 49
    3.3 章末ノート ………………………………………………… 52

4. ボロノイ図とドロネー図 ………………………………………… 53
  4.1 ボロノイ図 ………………………………………………… 53
    4.1.1 ボロノイ図とその基本的性質 ………………………… 53
    4.1.2 ボロノイ図の複雑さ …………………………………… 56
  4.2 ボロノイ図の基本計算法 ………………………………… 58
    4.2.1 平面アレンジメントとボロノイ図 …………………… 58
    4.2.2 ボロノイ点の計算法 …………………………………… 61
    4.2.3 ボロノイ図の逐次添加構成法 ………………………… 64
  4.3 ボロノイ図のロバストな計算法 ………………………… 68
    4.3.1 厳密計算法 ……………………………………………… 68
    4.3.2 ボロノイ図の位相優先構成法 ………………………… 69
  4.4 ドロネー図 ………………………………………………… 72
    4.4.1 ドロネー図の基本的性質 ……………………………… 72
    4.4.2 ドロネー図と最小張木 ………………………………… 73
    4.4.3 ドロネー図と3次元凸包 ……………………………… 77
    4.4.4 最小内角最大性 ………………………………………… 79
  4.5 重心ボロノイ図 …………………………………………… 82
    4.5.1 重心ボロノイ図と施設利用コスト最小性 …………… 83
    4.5.2 ウォード法 ……………………………………………… 85
    4.5.3 重心ボロノイ図を利用したメッシュ生成 …………… 86
  4.6 章末ノート ………………………………………………… 88

5. 一般化ボロノイ図 ………………………………………………… 89
  5.1 ボロノイ図の3要素 ……………………………………… 89
  5.2 距離の一般化 ……………………………………………… 90
    5.2.1 マンハッタン距離ボロノイ図 ………………………… 91
    5.2.2 L_p 距離ボロノイ図 ………………………………… 92
    5.2.3 楕円距離ボロノイ図 …………………………………… 94

5.2.4　最遠点ボロノイ図 95
　　　5.2.5　ラゲール距離ボロノイ図 97
　　　5.2.6　加重距離ボロノイ図 100
　　　5.2.7　障害物回避距離ボロノイ図 101
　　　5.2.8　距離の一般化によるボロノイ図の近似構成法 102
　5.3　生成元の一般化 103
　　　5.3.1　図形を生成元とするボロノイ図 103
　　　5.3.2　高階ボロノイ図 105
　5.4　背景空間の一般化 106
　　　5.4.1　3次元ボロノイ図 107
　　　5.4.2　球面ボロノイ図 108
　　　5.4.3　流れの中のボロノイ図 110
　5.5　章末ノート 112

6. 三角形分割とメッシュ生成 114
　6.1　ドロネー三角形分割とラプラス平滑化 114
　　　6.1.1　凸領域の三角形分割 114
　　　6.1.2　制約つき三角形分割 117
　　　6.1.3　共形ドロネー三角形分割 118
　6.2　正則三角形分割 122
　6.3　四面体分割 127
　6.4　章末ノート 129

7. 距離に関する諸問題 131
　7.1　ネットワークの最短経路 131
　7.2　ネットワークボロノイ図 135
　7.3　障害物回避経路と可視グラフ 137
　7.4　骨格線の抽出 139
　7.5　直線的骨格線 144
　7.6　フラクタルと長さの計測 145
　7.7　筆順最適化 150

7.8　自然近傍補間 …………………………………………………… 156
　7.9　章末ノート ……………………………………………………… 160

8. 図形認識問題 …………………………………………………… 162
　8.1　多面体の合同判定 ……………………………………………… 162
　8.2　タイリング可能図形の探索 …………………………………… 172
　8.3　投影図からの立体認識 ………………………………………… 180
　8.4　章末ノート ……………………………………………………… 188

文　　献 ………………………………………………………………… 191

索　　引 ………………………………………………………………… 201

1

計算幾何学の歴史と考え方

　本章では，まず計算幾何学という比較的新しい分野の歴史を概観し，次にそこに現れる基本的な考え方を凸包計算問題を例にとって見ていくことにする．とくに，理論の発展に貢献しようとする立場と，その成果を実用的なものにしようとする立場の両方が，車の両輪のように互いを補い合いながらこの分野の体系が作られてきていることを明らかにしたい．

1.1 歴　　　史

　幾何学という学問自体の歴史は古い．今からはるかに数千年もさかのぼった紀元前のエジプト文明時代に，すでに高度に発達していたといわれている．土地の測量という実用的な目的があったためであろう．とくに，エジプトのナイル川が毎年氾濫し，その水が引くたびに測量をし直して土地の境界を確認し合うことは，土地争いを避けるための重要な作業であったはずである．

　そして，この幾何学は，やはり紀元前のギリシャ時代に，ユークリッド (Euclid, 紀元前 365 頃〜275 頃) がまとめた『原論』によって，1 つの学問体系としての姿に整えられた[100]．誰もが認める基本的な性質（これはのちに公理と呼ばれるようになった）から出発し，レンガを積み上げて家を作るように，多くの定理が証明という手続きによって積み上げられて体系が作られた．これがユークリッド幾何学である．

　その後，19 世紀になってヒルベルト (D. Hilbert, 1862〜1948) によって幾何学の出発点としての公理が整理された[57]．この頃，「1 点を通り 1 つの直線に平行な直線はちょうど 1 つある」という平行線の公理が，他の公理からは証明できない独立なものであることも認識された．そして，この公理を別の公理に置き換えることによって新しい幾何学ができることも発見された．平行線が複数あるという

公理に置き換えてできるのが双曲幾何学であり，平行線が存在しないという公理に置き換えてできるのが楕円幾何学である．

また，ルネッサンス時代に遠近法と呼ばれる絵画技術が発展すると，それに伴って射影幾何学が生まれた．

さらに幾何学とは，着目する変換群に対する不変性を調べる学問であるという認識が生まれ，位相幾何学なども含む多様な幾何学が発展し現在に至っている．

一方，計算幾何学は，主にユークリッド幾何学を対象として，有限の手続きだけを用いて体系を書き換えようとするものである．これは，コンピュータの発展に伴って生まれた．1960 年代頃から，コンピュータのハードウェア能力が高まるにつれて，単なる数値の計算だけでなく，テキストや図形などの多様な情報も扱いたいという需要が高まってきた．しかし，コンピュータによって図形に関する情報処理を行うためには，伝統的なユークリッド幾何学だけでは不十分であった．なぜなら，ユークリッド幾何学は，無限・連続・極限などの概念がたくさん使われて成り立っているのに対して，コンピュータでは，すべての操作を有限の手続きの組合せで記述しなければならないからである．

たとえば，平面上に指定された点の集合 X に対して，「X が凸である」とは，X に属す任意の 2 点を結ぶ線分が X に含まれることと定義される．しかし，X に属す 2 点を結ぶ線分は無限にたくさんあるから，X が凸であるか否かの判定をこの定義に基づいてコンピュータで行うことはできない．また，「X の凸包」とは，X を含むすべての凸集合の共通部分がなす集合であると定義される．しかし，X 自体が有限個の点からなる集合であっても，それを含む凸集合は無限にたくさんあるから，この定義を直接使ってコンピュータで凸包を構成することはできない．

したがって，概念自身の定義には無限が含まれていても，その判定や構成のための計算手続きは，有限のステップに置き換えなければならない．しかもこのステップ数はできるだけ少ない方が望ましい．いくらコンピュータが速く計算できるといっても，問題の大きさの指数関数に比例するステップ数が必要な計算では，問題が大きくなると結果を得るまでに天文学的な時間がかかってしまって，実際には計算できないのと同じことになってしまうからである．すなわち，幾何的問題をコンピュータで解くための技術の開拓を目的として，計算幾何学は生まれたのである．

計算幾何学という分野名は，英語の computational geometry の訳である．こ

の言葉がきわめて早い段階で使われた例の1つは，米国イエール大学の計算機科学科の博士課程の学生シェーモス (M. I. Shamos, 1947〜) が 1978 年に書いた学位論文[119]のタイトルであった．シェーモスは，平面上の有限個の点に対する凸包の計算法などの基本的なアルゴリズムを構成し，それを学位論文にまとめた．それにつけたタイトルが計算幾何学であった．以後，図形計算のためのアルゴリズムを研究する分野を表すものとして，この名称が定着した．

シェーモスが学位論文をまとめた当時は，計算機科学の理論分野では，アルゴリズムとデータ構造の研究が盛んであった．それより少し前に，クック (S. A. Cook, 1939〜)，カープ (R. M. Karp, 1935〜) などの理論家が，アルゴリズムの計算効率を測るための計算複雑度という概念や，問題の難しさの目安となる NP 完全・NP 困難などの概念を提唱してアルゴリズム理論の土台を作り，多くの天才的な理論家たちがその上に多彩なアルゴリズムを積み上げ，アルゴリズム理論の体系を構築しつつある時期であった．シェーモスの学位論文や，リー (D. T. Lee) とプレパラータ (F. Preparata) の点位置決定問題に対する一連の研究[89]などがきっかけとなって図形を扱うためのアルゴリズム研究という活躍の場があることを知った多くの理論家たちが，この分野へなだれ込み，あっという間に計算幾何学の研究者が増えて，裾野が広がった観がある．そして，ステップ数を問題の大きさの関数として表したときのオーダによってアルゴリズムの効率の良さを評価するという枠組の中で，華麗な技術を競い合った．

そこで取り上げられた幾何問題には多様なものがあった．平面上に指定された有限個の点に対して，それらをつなぐ総長が最も短い道路網の設計，それらを含む最小の凸図形の構成，それらの点が支配する勢力圏への平面の分割，それらを頂点とする三角形メッシュの生成，それらを含む最小の円の探索，それらをすべて訪れて元へ戻る最短路の探索，それらのうち，指定された領域に含まれるものの列挙などは典型的な問題の例である．また，平面上に有限個の線分が与えられたときには，交差の有無の判定，交点の列挙，交差構造全体の構成，すき間の勢力圏への分割，すき間を通り抜ける最短路の構成などが典型的な問題である．これらの幾何問題群は，アルゴリズムの専門家にとっては，研究テーマの宝庫と映ったであろう．

計算幾何学の最初の教科書は，1985 年に発行されたプレパラータとシェーモスの著書[111]である．これは，シェーモスの学位論文の内容を，彼とプレパラータ

がふくらませてまとめたものである．また，1987年には，エデルスブルーナー (Edelsbrunner, 1958～) による組合せ幾何学に関する教科書[36]も出版された．これは，さまざまな幾何構造の複雑さについて論じたもので，計算幾何のアルゴリズムを評価するための基礎となる理論的教科書である．この2冊の教科書は，計算幾何学の分野の基本的文献として，今も広く読まれている．

　これらと前後して，計算幾何学に関する学術雑誌の刊行や，国際会議の開催も始まった．これらの学術雑誌や国際会議では，世界各国から投稿された論文の中から審査によって採択論文が選ばれる．この際，論文の価値を決める有力な基準となるのは，オーダというものさしで測ったアルゴリズムの良さである．すなわち，着目した図形処理の問題に対して，それを解くために必要な処理手続きのステップ数を，問題の大きさの関数として表したときのオーダが低いほど効率のよいアルゴリズムとみなすという基準である．

　この基準は，複雑で多様な構造をもつアルゴリズム同士を比較して，どちらがよいかを明確で客観的に述べることができる偉大な発明であり，計算機科学の全分野にわたって広く使われている．しかし，便利である反面，ときには実用性から遊離したものになりかねない危険性ももっている．たとえば，オーダは低いが，構造が複雑過ぎてそのアルゴリズムをプログラムとして実装することが難しいとか，めったに生じない最悪の場合のオーダは低いが，平均的な場合の計算時間で比較すると最良ではないとかいうことが生じうる．そうなると，実際の効率とは別のところで，オーダさえ低ければよいという理論のための競争の道具として使われてしまう．しかし，ほかに汎用性の高い比較方法がないから，完全ではないとわかっていながら，オーダというものさしに頼らざるを得ないというのが，欧米における一般的な傾向であった．

　一方，日本国内では，それとは少し異なる流れがあった．それは，現実の具体的な問題から出発した実用的な計算幾何の研究である．1981年に，日本オペレーションズ・リサーチ学会の中に「地理情報の処理に関する基本アルゴリズムの調査・開発」のための研究委員会が設けられた．委員長は，当時東京大学工学部計数工学科数理工学コースの教授であった伊理正夫である．ここでは，実際の地図データの表現，処理，加工，応用を念頭において，そのための幾何データ構造，計量構造に関する計算，ボロノイ図をはじめとする計算幾何アルゴリズム，ネットワークフロー，地理的最適化などの問題が総合的に扱われた．これは日本におけ

る計算幾何学の先駆的研究活動である．この成果は，1983年に同学会から報告書として公表された[68]．そしてこの報告書をもとにその後の成果も含めて再編集されたものが，のちの1986年に「計算幾何学と地理情報処理」というタイトルの本として出版された[70]．これは，応用を中心においた計算幾何学の教科書とみなすことができるもので，欧米での最初の計算幾何学の教科書[111]が発行されたわずか1年後のことであった．さらに，この本にいくつかの章を追加した第2版が，1993年に出版されている[71]．

この活動の特徴は，地理情報処理という具体的な場面にターゲットを合わせて計算幾何学が展開されたことである．この具体的な問題に対する実用的な算法の追求という姿勢の結果，アルゴリズムの理論と応用のバランスのとれた研究成果が数多く生まれた．すなわち，最適解を求めるできるだけオーダの低いアルゴリズムを追求するという理論的側面だけでなく，最適解を得るのが難しい場面では最適に近い解を平均的に低いオーダで求める実用的算法にも重点がおかれた．この精神を代表する成果の例として，バケットと呼ばれるデータ構造を駆使して，プロッターの筆順最適化問題，ボロノイ図構成問題，点位置決定問題，などの一連の問題を統一的に解くアルゴリズム設計法の構築をあげることができよう[7]．

このように日本における計算幾何学の研究活動は欧米に遅れを取らない時期に始まった．しかも，欧米では計算量を減らすことを至上目的とした理論的な色彩が濃いのに対して，日本ではそれとは対照的に，応用に根ざした視点が強調されたものであった．そして，この違いはその後も引き継がれた．たとえば，数値誤差が発生するために理論的には正しいはずのアルゴリズムが，計算機に実装すると正常に動作しないという困難に対して，それを克服する研究も日本では世界に先駆けて始められた．その中には，「どれほど大きな数値誤差が発生してもけっして破綻しないアルゴリズム」という新しい概念と，それに基づいた「超ロバスト」アルゴリズムの設計原理などの実用的研究成果も含まれている．これらについては，本書の中でも詳しく見ていく予定である．

1.2 考え方

計算幾何学で扱う基本的な問題の1つである凸包構成問題を例にとって，計算幾何学という学問の考え方を概観しよう．古典幾何学の言葉で「凸包」が定義さ

れるが，そこには無限に関する概念が含まれる．そこで次に，それを有限回の手続きによる構成法――すなわちアルゴリズム――に置き換える．さらに，その手続きの回数を減らし，効率のよいアルゴリズムを設計する．ここで「効率がよい」というとき，最悪の場合の効率を指す立場と平均の場合の効率を指す立場があり，場面によってどちらがより実用的かも変わる．効率のよいアルゴリズムが見つかればそれですべて解決だと思われるかもしれないが，実は話はこれだけでは終わらない．次に問題になるのは，数値誤差の影響である．コンピュータの中では，数値が有限の精度で表されるから，誤差が発生する．そのために，理論的に正しいはずのアルゴリズムが，理論どおりの性能を発揮できない．処理が途中で行き詰まり，破綻してしまうことも多い．そこで，誤差対策が必要となる．効率がよく，かつ誤差に対する対策も施されたアルゴリズムができたとき，初めて実際の場面で使えるアルゴリズムとなるのである．この流れを見ていこう．

1.2.1 凸図形と凸包

平面上のすべての点の集合を $\mathbf{R}^2$ で表す．2点 $p, q \in \mathbf{R}^2$ に対して，p と q を両端点とする線分を $\overline{pq}$ で表す．平面上に指定された点の集合を $X \subset \mathbf{R}^2$ としよう．X のことを，図形ともいう．X に属する任意の2点を結ぶ線分が X に含まれているとき，すなわち任意の $p, q \in X$ に対して $\overline{pq} \subset X$ が満たされるとき，X は凸 (convex) であるという．たとえば，図 1.1 に示す閉曲線に囲まれた点の集合がなす図形を考えると，(a) の図形は凸であるが，(b) の図形は凸ではない．図形 X, Y が凸であるときには，$X \cap Y$ も凸であるとか，$X \cap Y = \emptyset$ なら X と Y を分離する直線があるなど，顕著な性質が成り立つ．そして，それが応用上も重要となる．この凸図形の応用上の重要性については，おいおい明らかにしていく．

$X \subset \mathbf{R}^2$ を凸とは限らない一般の図形とする．このとき，X を含むすべての凸

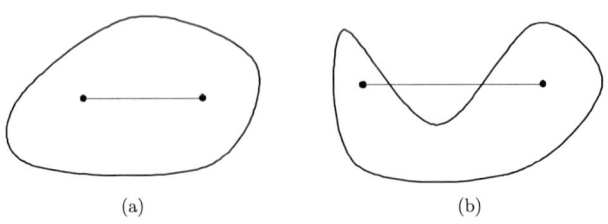

図 1.1　凸な図形と凸でない図形

1.2 考え方

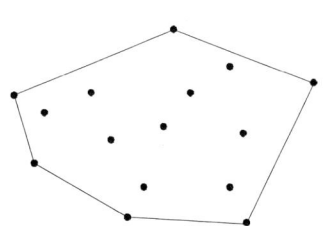

図 1.2 有限個の点の集合とその凸包

図形の共通部分を X の凸包 (convex hull) という．たとえば，図1.2に黒丸で示すように，X が有限個の点の集合であったとしよう．このときには，X の凸包は，この図の実線で示すように，X に属すいくつかの点を頂点とする多角形となる．この多角形は，X に属す点の位置に釘を打って，それらのすべてを含むように輪ゴムをかけたとき，その輪ゴムが釘にひっかかってできる図形に一致する．X の凸包のことを CH(X) で表す．

X が有限個の点の集合であっても，それを含む凸図形は無限に多くあるから，凸包の定義にそのまま従ったのでは，有限の時間内に凸包を作ることはできないであろう．したがって，コンピュータを使って X からその凸包 CH(X) を構成したかったら，「X を含むすべての凸集合の共通部分」という表現を有限のステップからなる手続きに置き換えなければならない．それを次に見てみよう．

1.2.2 向きの判定

図1.2にも示したとおり，X の凸包の境界をなす辺は，X に属す2点を結ぶ線分である．X の2点を結ぶ線分のうちのどれが凸包の境界に属すかは，X の残りの点がすべてこの線分の同じ側にあるか否かで定まる．これを判定する基本となるのは，X に属す3点 p_1, p_2, p_3 に対して，p_1 から p_2 へ進み次に p_3 へ進むとき，p_2 で右へ折れるか左へ折れるかを判定することである．

3点「p_1, p_2, p_3 をこの順に訪れるとき p_2 で左へ折れる」という述語 (predicate) を leftturn(p_1, p_2, p_3) で表す．ここで述語とは，真 (true) または偽 (false) を値にとる関数のことである．真または偽という値は，その述語の真理値 (truth value) と呼ばれる．この述語を使うと，

$$\text{leftturn}(p_1, p_2, p_3) = \text{true}$$

は，p_2 で左へ折れることを表し，

$$\mathrm{leftturn}(p_1, p_2, p_3) = \mathrm{false}$$

は，p_2 で左へは折れないことを表す．

　ここで「右へ折れる」とは書かないで「左へは折れない」と書いたことに注意していただきたい．実際，$\mathrm{leftturn}(p_1, p_2, p_3) = \mathrm{false}$ のときには，p_1, p_2, p_3 が同一直線上に並ぶこともあり，必ずしも p_2 で右へ折れるとは限らないのである．このように，右へ折れるか左へ折れるかを問題にしているとき，どちらでもなくて 3 点が同一直線上に並ぶという状況は，一種の例外 (exception) である．このような例外は退化 (degeneracy) とも呼ばれる．退化も，幾何アルゴリズムを複雑なものにする 1 つの要因である．

　さて，$\mathrm{leftturn}(p_1, p_2, p_3)$ が真か否かを判定するためには，どうしたらよいであろうか．次にこれを考えよう．$i = 1, 2, 3$ に対して，p_i の座標を (x_i, y_i) とおく．そして関数 $F(p_1, p_2, p_3)$ を

$$F(p_1, p_2, p_3) = \begin{vmatrix} 1 & x_1 & y_1 \\ 1 & x_2 & y_2 \\ 1 & x_3 & y_3 \end{vmatrix} \tag{1.1}$$

で定義する．

　本書では，2 次元平面には，反時計回りの xy 座標系が固定されているものとする．すなわち，x 座標を原点の回りで反時計回りに 90 度回転させたものが y 座標と（正の方向も合わせて）一致する座標系である．この座標系のもとでは，$F(p_1, p_2, p_3) > 0$ は $\mathrm{leftturn}(p_1, p_2, p_3) = \mathrm{true}$ と等価である．このことは次のように考えれば理解できるであろう．

　まず，点 $p = (x, y)$ を一般の点として，式 (1.1) の p_3 を p で置き換えて次の式を考える：

$$F(p_1, p_2, p) = \begin{vmatrix} 1 & x_1 & y_1 \\ 1 & x_2 & y_2 \\ 1 & x & y \end{vmatrix}. \tag{1.2}$$

この式は x と y に関する 1 次式であるから，$F(p_1, p_2, p) = 0$ は 1 つの直線を表す．この直線は，p_1 と p_2 を通る直線である．このことは式 (1.2) の p に p_1 を代入しても p_2 を代入しても値が 0 になることからわかる．したがって，$F(p_1, p_2, p_3) = 0$ のときには，p_1, p_2, p_3 が同一直線に乗っている．すなわち右折れでも左折れでも

ないことを表す.

　一方，$F(p_1, p_2, p) \neq 0$ の場合には，点 p は，p_1 と p_2 を通る直線上にはない．この直線のどちらか一方の側にあるはずである．p が平面上を動くとしよう．すると，$f(p_1, p_2, p)$ の値も変化するが，$f(p_1, p_2, p) = 0$ となるのは，点 p が p_1 と p_2 を通る直線を通過するときであろう．したがって，p がこの直線の一方の側を動くときには $F(p_1, p_2, p)$ の符号は変わらない．そして，直線の反対側へ移ったとき，符号も反転する．

　では，どちら側にあるとき正で，どちら側にあるとき負なのであろうか．これは，p_1, p_2, p_3 の具体例を 1 つ与えればわかる．たとえば $p_1 = (0,0), p_2 = (1,0), p_3 = (0,1)$ とすると p_2 において左折れ，すなわち leftturn(p_1, p_2, p_3) = true であるが，このとき

$$F(p_1, p_2, p_3) = \begin{vmatrix} 1 & 0 & 0 \\ 1 & 1 & 0 \\ 1 & 0 & 1 \end{vmatrix} = 1 > 0$$

となる．したがって

$$F(p_1, p_2, p_3) > 0 \quad \text{のとき} \quad \text{leftturn}(p_1, p_2, p_3) = \text{true},$$
$$F(p_1, p_2, p_3) \leq 0 \quad \text{のとき} \quad \text{leftturn}(p_1, p_2, p_3) = \text{false}$$

であることがわかる．

　ちなみに，leftturn(p_1, p_2, p_3) の真偽と $F(p_1, p_2, p_3)$ の符号との関係は，座標系を時計回りのもの（すなわち，x 座標を時計回りに 90 度回転したとき y 座標に一致する座標系）に置き換えると逆転する．これは，式 (1.1) で定義される量が，通常のスカラーではなくて，**擬スカラー** (pseudoscaler) と呼ばれる量であることによるものであるが，詳しくは杉原[131]などを参照されたい．

1.2.3　素朴な判定

　$X \subset \mathbf{R}^2$ を有限個の点の集合とする．述語 leftturn(p_1, p_2, p_3) の真偽を判定するための計算法が構成できたから，これを利用して X の凸包 CH(X) を構成するアルゴリズムを書くことができる．$p, q \in X$ に対して，p を始点とし，q を終点とする有向線分を $\overrightarrow{pq}$ と書くことにする．凸包 CH(X) の境界を，有向線分を反時計回りに並べてできる閉じた列で表すことにしよう．ここで，集合 X, Y に対して，

X には属すが Y には属さない要素の集合を $X\backslash Y$ で表すことにする．ここで，X に属すどの3点も同一直線上には並ばないと仮定しよう（この仮定は，議論を簡単にするためにおくもので，のちに取り除く）．このとき，$p, q \in X$ に対して，$\overrightarrow{pq}$ がこの凸包境界を構成する有向辺となるのは，他の点 $r \in X\backslash \{p, q\}$ が $\overrightarrow{pq}$ の左側にあるときである．すなわち「すべての $r \in X\backslash \{p, q\}$ に対して leftturn(p, q, r) = true が成り立つ」とき，有向線分 $\overrightarrow{pq}$ は，凸包 CH(X) を反時計回りに囲む境界辺の1つとなる．

以上の観察から，凸包構成問題を解く次のアルゴリズムを構成することができる．

アルゴリズム 1.1（凸包の素朴な構成法）
入力：有限個の点の集合 $X \subset \mathbf{R}^2$
出力：X の凸包 CH(X)
手続き：
1. 境界辺を入れる記憶領域 B を空に初期化する．
2. X に属す点のすべての順序対 (p, q) に対して次を実行する．
    2.1 すべての $r \in X\backslash \{p, q\}$ に対して leftturn(p, q, r) = true なら，B に有向辺 $\overrightarrow{pq}$ を追加する．
3. B を出力して終了する． □

本書では，アルゴリズムを表すとき，上のような形式で記述する．上のアルゴリズムは簡単なので読んでいただければ意味は通じると思うが，念のためにこの記述法の形式について説明しておこう．アルゴリズムは，入力，出力，手続きの3つの部分から構成される．入力は，そのアルゴリズムに与えられる情報である．出力は，そのアルゴリズムで最終的に作り出す情報，すなわちそのアルゴリズムの目的となる計算結果である．手続きは，入力から出力を作り出す操作手順を表す．

上のアルゴリズムの手続きは，通常の日本語で記述したから，読めばそのまま理解できよう．でも，アルゴリズムを簡潔に記述するために，特殊な記法を使うこともある．その代表的なものをここで説明しておこう．手続きの中に

$$A \leftarrow B$$

という表現を使うことがある．ここで，A は変数で，B は計算式である．左向き

の矢印は，「式 B の計算結果を変数 A の値としなさい」ということを表す．
また
$$\text{for } A \text{ do } B$$
という表現もよく使われる．これは似たような処理を繰り返すことを表すときに使われるもので，A は繰り返す範囲を表し，B は繰り返す操作の内容を表す．とくに，指標 i を 1 から n まで 1 ずつ増やしながら何かを繰り返す場合には
$$\text{for } i \leftarrow 1 \text{ until } n \text{ do } B$$
や
$$\text{for } i = 1, 2, \ldots, n \text{ do } B$$
などの表現も使われる．
　また，わかりにくい記述に対しては，
$$[\text{コメント：} A]$$
という形式で，A に任意の説明を書くこともある．これはアルゴリズムの手続きではなくて，アルゴリズムを理解しやすくするために加える読者へのメッセージである．
　これらの記法を用いると，アルゴリズム 1.1 の手続きの部分は次のように記述することもできる（入力と出力は同じなので省略する）．
1. $B \leftarrow \emptyset$　[コメント：B は境界辺を入れる記憶領域である]
2. for each ordered pair (p,q), $p, q \in X$, do Step 2.1
　　2.1 if leftturn(p,q,r) = true for all $r \in X \backslash \{p,q\}$
　　　　$B \leftarrow B \cup \{\vec{pq}\}$
3. report B and stop　　　　　　　　　　　　　　　　　　　　　　　□

　この手続きの記述がアルゴリズム 1.1 の手続きと同じ内容を表していることを，皆さんご自身で確認していただきたい．
　さて，アルゴリズム 1.1 は，凸包 CH(X) を反時計回りに囲む境界上の有向辺 $\vec{pq}$ は，他のすべての点 $r \in X \backslash \{p,q\}$ を左側にもつはずということを根拠とし，それを素直に手続きに置き換えた，いわば素朴なアルゴリズムである．この素朴さ

は，いくつかの欠陥を含む．主な欠陥は次の3つである．

第1に，処理の効率が悪い．集合 X が大きくなると，凸包の計算にかかる時間も増えるが，その増え方が大きい．すぐあとで見るように，工夫すればもっと短い時間で凸包を構成することができる．そのようなアルゴリズムが存在する以上，アルゴリズム 1.1 はよいアルゴリズムとはいえない．

第2に，例外的状況が扱えない．凸包境界上で，X に属する点 $p, q, r \in X$ が一直線上に並んでいたとしよう．すると，leftturn(p, q, r) = false となる．さらに，p, q, r をどのように入れ替えてもやはり false である．したがって，$\overrightarrow{pq}$ も $\overrightarrow{qr}$ も $\overrightarrow{pr}$ も，アルゴリズム 1.1 では B には追加されない．そのため，凸包境界の一部が検出されないまま，アルゴリズム 1.1 は終了してしまう．実際，アルゴリズム 1.1 の手続きは，「凸包 CH(X) の境界辺の1つに X の点が3個以上並ぶことはない」という条件を満たす X に対してのみ有効なものである．

第3に，数値誤差が考慮されていない．コンピュータでは数値は有限のビット数で表されるため丸め誤差が発生する．そのため，式 (1.1) の符号も，計算結果が真実とは異なるものになってしまうことがある．そうなると，アルゴリズム 1.1 の動作の正しさは保証されない．凸包境界上の辺が検出されなかったり，境界上にはない線分が誤って境界辺と認識されてしまったりする．

以下では，これらの欠陥をいかに除くかという考え方を紹介する．

1.2.4 計算量というものさし

同じ目的を達成するためのアルゴリズムは，一般にたくさん考えられる．その中でどれが一番よいかを判定したい．そのための1つの基準が，計算の効率である．すなわち同じ問題を解くのなら，できるだけ短い時間で解くことが望ましい．したがって，2つのアルゴリズムが与えられたとき，どちらがより短い時間で処理を終えるのかを計るものさしがほしい．

でも，このものさしを作ることは単純ではない．なぜなら，アルゴリズムをソフトウェアとして実装してコンピュータで実行するとき，そのスピードを決める要因は非常にたくさんあるからである．どのような計算機言語を使うか，それをどのようなコンパイラで機械コードに落とすのか，それをどのような性能のコンピュータで走らせるのかなどである．これらの条件をそろえて計算実験をすればよいと思われるかもしれないが，そんなことはしたくない．アルゴリズムの性能

を比較する目的は，いろいろ思いついた処理方法のうちのどれをソフトウェアとして実装すべきかを判断するためであり，プログラムにする前の段階で比較したいのである．だから，計算実験をしないで効率を計りたい．そのためのものさしとなるのが，次に示す計算量という概念である．

P を解きたい問題とし，A をそれを解く 1 つのアルゴリズムであるとしよう．問題 P の大きさを表す正の整数値 n が与えられたとしよう．たとえば，点集合 X の凸包を構成する問題では，X の要素数 $|X|$ を n とおけばよい．X を変えるとその大きさも変わる．だから凸包構成問題には，いろいろな大きさの問題が含まれる．このように問題 P と呼ぶとき，P は実は問題群を表すとしよう．そして，P に属す具体的な問題例がたくさんあり，そのそれぞれに大きさ n という整数値が決まっているとする．

問題 P の大きさ n の問題例をアルゴリズム A で解くのに $T(n)$ 秒の時間がかかったとしよう．$T(n)$ は一般に n の複雑な関数である．

ここで，$p(n)$ をもう 1 つの n の関数とする．$p(n)$ としては，よくわかっている簡単な関数を選ぶ．すべての正の整数 n に対して

$$\frac{T(n)}{p(n)} \leq C \tag{1.3}$$

を満たす定数 C が存在するとき，

$$T(n) = \mathrm{O}(p(n)) \tag{1.4}$$

と書いて，$T(n)$ は $p(n)$ のオーダ (order) であるという．

式 (1.3) は，「n がどれほど大きくなっても，$T(n)$ は $p(n)$ の C 倍を超えない」ことを意味する．言い換えると，問題 P の大きさ n をどんどん大きくしていったとき，アルゴリズムの計算時間 $T(n)$ の大きくなるスピードは，$p(n)$ の大きくなるスピードと同程度であるかあるいはそれ以下であることを意味している．つまり $p(n)$ は，定数倍の任意性を除いて，アルゴリズム A の計算時間の上限を表す．そこで，式 (1.3) を満たす $p(n)$ で，n が大きくなるときの増加スピードがなるべく小さいものを選んで，この $p(n)$ をアルゴリズム A の効率の目安とすることができる．そして，このとき，アルゴリズム A の**時間複雑度** (time complexity) は「$p(n)$ のオーダである」，あるいは，「オーダ $p(n)$ である」という．時間複雑度のことを時間計算量ともいう．

同様にアルゴリズム A で大きさ n の問題を解くのに必要なメモリーの大きさを $S(n)$ で表し，関数 $q(n)$ が $S(n) = \mathrm{O}(q(n))$ を満たすとき，アルゴリズムの空間複雑度 (space complexity) は $q(n)$ のオーダであるという．空間複雑度のことを空間計算量ともいう．

アルゴリズム 1.1 を例にとって考えよう．問題のサイズを $n = |X|$ とする．ステップ 1 は，ある一定の時間で実行できるであろうから，これを a 秒とおく．ステップ 2.1 で，1 組の (p, q, r) に対して leftturn(p, q, r) = true か否かを判定する作業も定数時間でできるであろうから，これを b 秒とおく．順序対 (p, q) は $n(n-1)$ 通りあり，$r \in X \backslash \{p, q\}$ となる r は $n-2$ 通りあるから，ステップ 2 で leftturn(p, q, r) を計算する時間の総計は $n(n-1)(n-2)b$ 秒と表すことができる．また，B に 1 つの有向線分を追加する作業も定数時間でできるだろうから，これを c 秒とおく．ステップ 2.1 において，有向線分を追加する回数は，X の凸包の境界をなす有向辺の数である．これを k とおこう．$k \leq n$ である．すると，ステップ 2.1 で B へ有向辺を追加する時間の総計は kc 秒である．ステップ 3 で B を出力するのにかかる時間はある定数 d を用いて kd 秒と表すことができる．以上をまとめると，アルゴリズム 1.1 を実行するのに要する時間は

$$T(n) = a + n(n-1)(n-2)b + kc + kd$$

となる．

ここで $p(n) = n^3$ とおくと

$$\frac{T(n)}{p(n)} = \frac{a}{n^3} + \left(1 - \frac{1}{n}\right)\left(1 - \frac{2}{n}\right)b + \frac{k}{n^3}(c+d)$$

となり，この右辺はある定数以下となるから $T(n) = \mathrm{O}(n^3)$ であることがわかる．したがって，アルゴリズム 1.1 の時間計算量は n^3 のオーダである．$p(n)$ として，n^3 より次数の低い多項式をもってきても式 (1.3) は成り立たない．一方，$p(n) = n^4$ など n^3 より高い次数の関数に対しては式 (1.3) が成り立つから $T(n) = \mathrm{O}(n^4)$ とも書けるが，$T(n)$ の増加スピードを見積もりたいという目的からは，必要以上にスピードの大きな $p(n)$ を選んだことになるであろう．したがって，$p(n) = n^3$ を選び，$T(n) = \mathrm{O}(n^3)$ と書いたとき，アルゴリズム 1.1 の時間計算量を最も忠実に表している．

一方，アルゴリズム 1.1 に必要なメモリーは B のための記憶領域など n に比例

する大きさで十分であるから，空間計算量は O(n) である．

上の例に現れる定数 a, b, c, d などは，アルゴリズムを走らせる計算環境に依存するもので，その値は不明である．だから，$T(n)$ の値自体も不明である．しかし，$T(n)$ のオーダに注目すると，値の不明な定数はすべて捨象でき，よくわかった関数 $p(n) = n^3$ だけを使って，アルゴリズムの計算時間を評価できる．これが，計算量というものさしの威力である．

1.2.5 最悪ケースを重視する計算法——逐次添加構成法

アルゴリズム 1.1 では，凸包を計算するために O(n^3) の計算量が必要であった．この計算量は，アルゴリズムの工夫によって減らすことができる．代表的な方法の 1 つは，逐次添加構成法である．

与えられた点集合を X とする．まず，X に属す点を x 座標の小さいものから順に並べる．その結果得られる点列を $(p_1, p_2, \ldots, p_n)$ としよう．逐次添加構成法では，まず 3 点 p_1, p_2, p_3 を頂点とする三角形を作って，これを初期凸包とみなす，次に $p_4, p_5, \ldots, p_n$ をこの順に加えながら凸包を更新する．今，図 1.3 に示すように，$p_1, \ldots, p_{i-1}$ の凸包 H_{i-1} が得られていて，ここに p_i を添加する場面を考えよう．H_{i-1} の境界上の点 q に対して，線分 $\overline{p_i q}$ が H_{i-1} の内部を通過しないとき q は p_i から見えるといい，そうでないとき見えないということにしよう．

1 つ前に添加した点 p_{i-1} は，H_{i-1} の最も右の点であるから，p_i から見える．そこで，p_{i-1} から出発して H_{i-1} の境界を反時計回りにまわったとき，p_i から見えなくなる直前の点を q_1 としよう．p_{i-1} から出発して，H_{i-1} の境界を時計回りにたどったとき，p_i から見えなくなる直前の点を q_2 としよう．今たどった q_1

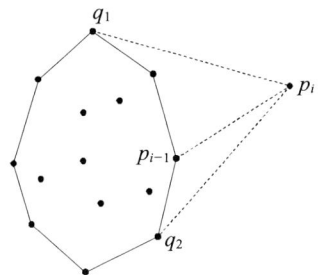

図 1.3　凸包構成のための逐次添加構成法

から q_2 までの途中の境界辺をすべて除き，代わりに 2 辺 $\overline{q_2 p_i}, \overline{p_i q_1}$ を追加する．これによって，点 p_i を添加したときの凸包の更新作業が完成する．これをアルゴリズムとしてまとめておこう．

アルゴリズム 1.2（凸包の逐次添加構成法）
入力：n 個の点からなる集合 X
出力：X の凸包 CH(X) の境界多角形 H_n
手続き：
1. X に属す点を x 座標の小さい順に並べ，その結果を $(p_1, p_2, \ldots, p_n)$ とおく．
2. p_1, p_2, p_3 を頂点とする三角形を作り H_3 とおく．
3. $i = 4, 5, \ldots, n$ の順に次を実行する．
    3.1 p_{i-1} から出発して，反時計回りおよび時計回りに H_{i-1} の境界をたどり，p_i から見えなくなる直前の点 q_1, q_2 をみつける．
    3.2 q_1, q_2 をつなぐ p_i から見えている辺を H_{i-1} から除き，2 辺 $\overline{q_2 p_i}, \overline{p_i q_1}$ を加えて，その結果を H_i とおく．
4. H_n を出力して，処理を終了する． □

このアルゴリズムの時間計算量を調べてみよう．ステップ 1 は n 個の数を小さい順に並べる操作である．これはソート (sort) と呼ばれる問題で，ヒープソート (heap sort)，マージソート (merge sort) などの標準的なアルゴリズム[1,133]を使って $O(n \log n)$ の時間で実行できることがわかっている．ステップ 2 は定数時間でできる．ステップ 3.1, 3.2 では p_i から見える辺と点をたどらなければならないが，それらの辺や点の数は不明である．最悪の場合はほとんどすべての点が見えるときで，その場合には $O(n)$ 程度の数に達するであろう．ステップ 3 では，これが $n - 3$ 回繰り返されるから，単純に考えるとたどる辺や点の合計は $O(n^2)$ になると思われるかもしれない．しかし，実際にはそんなに多くはない．なぜなら，ステップ 3.1 でたどった辺とその途中の点は，ステップ 3.2 で消去されるため，次の繰り返しのときには，凸包境界上にはないのでたどる必要がないからである．したがって，ステップ 3 の $n - 3$ 回の繰り返しの全体でたどられる辺と点の合計は $O(n)$ 程度ですむ．すなわち，ステップ 3 は $O(n)$ の時間で実行できる．ステップ 4 は H_n の大きさに比例する時間で実行できるが，これは $O(n)$ 以下である．したがって，最も高いオーダはステップ 1 の $O(n \log n)$ であり，これがア

ルゴリズム 1.2 の時間計算量である．

アルゴリズム 1.1 の時間計算量が $O(n^3)$ であったことと比較すると，上のアルゴリズムでは効率が大きく改善されていることがわかる．このアルゴリズムの特徴は，X に属す点の配置がどのようなものであっても（ただし 3 点が同一直線上に並ぶという退化状態は，ここではないものとする），$O(n \log n)$ の計算時間で処理が終わることである．すなわち，最悪の場合の時間計算量が $O(n \log n)$ であることが保証されている．ただし，ほとんどすべての場合に $O(n \log n)$ の時間がかかるということも，このアルゴリズムの特徴である．たとえば凸包が三角形という単純な形であっても，この時間がかかってしまうのである．

1.2.6 平均ケースを重視する計算法——クイックハル法

X に属す点がランダムに発生する場合などでは，n 個の点のうち，凸包境界に現れる点の数はそれほど多くはないと期待できる．アルゴリズム 1.2 では，すべての点が凸包境界上に並んでも $O(n \log n)$ で計算できるという最悪の場合のよさは保証されているが，多くの点が境界ではなくて内部に入る場合には，必ずしも効率がよいとは限らない．そこで，凸包の内部に入ることが明らかな点をなるべく早くみつけて考察の対象からはずそうという方針も考えられる．この方針で作られたのが，クイックハル (quick hull) と呼ばれる次のアルゴリズムである．

X に属す点の中で，x 座標が最大のものと最小のもの，および y 座標が最大のものと最小のものを取り出すと，図 1.4(a) に白丸で囲んだ 4 点が得られる．図の破線で示すように，この 4 点を頂点とする四角形を作り，その内部に入る点を X から除いてできる集合を X' としよう．X の凸包と X' の凸包は一致する．した

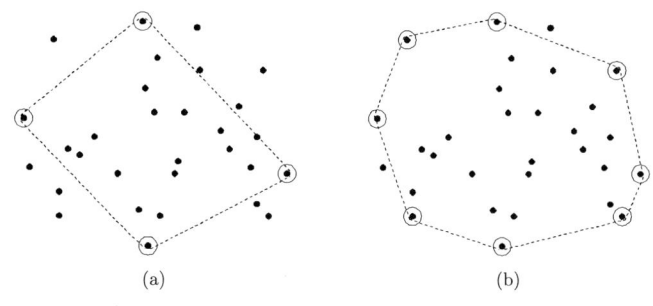

図 1.4　クイックハルの考え方

がって，X の代わりに X' の凸包を求めればよい．これがクイックハルの基本的な考え方である．

上では，上下左右の端の 4 点のみを考えたが，この点はもっと増やすこともできる．x 軸と 45 度の角度で交わる直線を，十分遠くから X に近づけたとき最初にぶつかる点も考えると，図 1.4(b) に白丸で囲んだ点で示すように，最大で 8 個の点が得られ，それらを頂点とする 8 角形の内部に入る点を X から除いて点集合 X'' を作ることができる．X の凸包の代わりに X'' の凸包を構成しても結果は同じである．

このアイデアもアルゴリズムとしてまとめておこう．

アルゴリズム 1.3（クイックハル法）

入力：点集合 X，方向分割数 m

出力：CH(X)

手続き：

1. 360 度を m 等分した角度を傾きにもつ m 本の直線を十分遠くから平行移動させて X に近づけたとき最初にぶつかる点 $p_1, p_2, \ldots, p_m$ をみつける．
2. m 角形 $p_1 p_2 \cdots p_m$ の内部に入る点を X から除いて得られる集合を X' とおく．
3. X' の凸包を適当なアルゴリズムで求めて，結果を出力する． □

このように，凸包境界上には現れない点をできるだけ多く X から取り除き，残った点に対して，凸包構成問題を解くのがクイックハルと呼ばれるアルゴリズムである．この方法では，内部に多くの点が入ると期待される場合には効果があるが，ほとんどすべての点が境界付近に集まる場合には効果が少ない．したがって，最悪の場合には余分な処理をしてしまうことになるという危険性をもっている．だから，使うべき場面を見極める必要がある．

1.2.7 出力に依存する計算量をもつ計算法—包装法

凸包境界に乗る点が少ないことが期待される場面で有効な方法の 1 つに，包装法 (gift-wrapping method) がある．これは，風呂敷で物を包むように，外側から凸包を順におおっていくというイメージの算法である．

まず，X の中で x 座標が最大の点をみつけてこれを p_1 とおく．図 1.5 に示すように p_1 を通る垂直な直線 l を考え，これを p_1 のまわりで反時計回りに回転さ

1.2 考え方

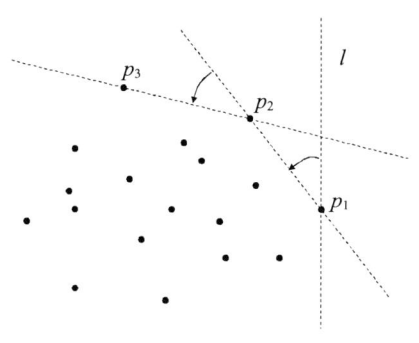

図 1.5 包装法

せて、最初にぶつかる点を p_2 とおく。このとき、有向辺 $\overrightarrow{p_1p_2}$ は凸包境界の辺となる。

次に、p_2 を中心としてさらに直線を反時計回りに回転させ、最初にぶつかる点を p_3 とおく。$\overrightarrow{p_2p_3}$ も凸包境界上の辺となる。同様に、新しくみつかった点を中心とし、直線をさらに反時計回りに回転させて最初にぶつかる点をみつけるという操作を繰り返し、境界辺をたどる。出発点 p_1 へたどりついたところで、凸包境界を1周したことになり、凸包が完成する。

このアイデアをアルゴリズムとしてまとめると、次のとおりである。

アルゴリズム 1.4（包装法）

入力：点集合 X

出力：凸包 CH(X)

手続き：

1. X に属す点のうち x 座標が最大のものをみつけて p_1 とおく。
2. 直線 l の初期状態を、p_1 を通り垂直な姿勢に定める。
3. $k \leftarrow 1$
4. $Y \leftarrow X$ [コメント：Y は、X から凸包境界上の点だとわかったものを除いた集合。ただし、出発点に戻ったことを知るために、p_1 は Y に残しておく。]
5. 直線 l を p_k を中心として反時計回りに回転させ、Y に属す点で最初にぶつかるものをみつけ、その点を p_{k+1} とおく。
6. $p_{k+1} = p_1$ なら、$(p_1, p_2, \ldots, p_k)$ を出力して終了する。そうでなければ $Y \leftarrow Y \setminus \{p_{k+1}\}$、$k \leftarrow k+1$ とおいて、ステップ 5 へ進む。　□

ステップ 5 で，l を回転させて最初にぶつかる点をみつけなければならない．これは，次の方法で実行できる．

今，境界辺 $\overrightarrow{p_{k-1}p_k}$ がみつかり，次に点 p_k を中心としてさらに直線 l を回転させるとしよう．最初にぶつかる点をみつけるためには，$p_l \in X \backslash \{p_2, p_3, \ldots, p_k\}$ に対して，有向線分 $\overrightarrow{p_{k-1}p_k}$ と $\overrightarrow{p_k p_l}$ のなす角度 θ が計算できればよい．余弦定理より

$$\cos\theta = \frac{\overrightarrow{p_{k-1}p_k} \bullet \overrightarrow{p_k p_l}}{|\overrightarrow{p_{k-1}p_k}| \cdot |\overrightarrow{p_k p_l}|} \tag{1.5}$$

である．ただし，$|\overrightarrow{pq}|$ は有向線分 $\overrightarrow{pq}$ の長さを表し，$\bullet$ は 2 つのベクトルの内積を表す．p_i の座標を (x_i, y_i) とおくと，式 (1.5) は次のように書き直すことができる：

$$\cos\theta = \frac{(x_k - x_{k-1})(x_l - x_k) + (y_k - y_{k-1})(y_l - y_k)}{\sqrt{(x_k - x_{k-1})^2 + (y_k - y_{k-1})^2} \cdot \sqrt{(x_l - x_k)^2 + (y_l - y_k)^2}}. \tag{1.6}$$

$\overrightarrow{p_{k-1}p_k}$ は凸包を反時計回りに囲む境界辺なので，他の点 p_l はこの有向辺の左側にある．したがって，$0 < \theta < \pi$ である（ここでもまだ退化はなく，したがって 3 点が 1 直線上に並ぶことはないと仮定している）．この範囲では $\cos\theta$ は θ の単調減少関数である．したがって，式 (1.6) の値が最大となる p_l が求める点であることがわかる．

アルゴリズム 1.4 の時間計算量を考えてみよう．ステップ 1, 4 は O(n) の時間で実行できる．ステップ 2, 3 は定数時間で実行できる．ステップ 5 は，$n-2$ 個以下の点 p_l に対して式 (1.6) の値を計算し最大値をみつける処理であるから，O(n) の時間で実行できる．ステップ 6 でステップ 5 へ戻る回数（すなわちステップ 5 を繰り返す回数）は X に属すほとんどの点が凸包境界にある場合には O(n) 回となるから，ステップ 5 を繰り返したときの合計の計算時間は O(n^2) となる．したがって，アルゴリズム 1.2 の逐次構成法と比べると時間計算量が大きく，効率は悪いということになる．

ただし，これは最悪の場合である．凸包 CH(X) が k 角形のときには，ステップ 5 を繰り返す回数は O(k) となるから，この k を使うとアルゴリズム 1.4 の時間計算量は O(kn) と書くことができる．k は凸包を構成する多角形の角数であり，出力の大きさである．このように，入力の大きさ n だけでなく，出力の大きさ k も使って表した時間計算量は，出力に依存した計算量の評価となっている．そし

て，実際に，k が n と比べて極端に小さいときには，$O(kn)$ は $O(n \log n)$ より小さくなりうる．このように，アルゴリズム 1.4 は出力の大きさによって計算時間が大きく変わるアルゴリズムで，最悪の場合の計算量はよくないが，出力の大きさが小さい場合には有利なものとなっている．

これまでに見てきたように，アルゴリズムの効率のよさを考えるときには，逐次添加構成法のように最悪の計算量を小さくしようとする立場，クイックハルのように平均の計算量を小さくしようとする立場，包装法のように出力の大きさが小さいときの計算量を小さくしようとする立場などがある．実際の応用場面では，どれが最も適切な立場なのかをよく見極めてアルゴリズムを選択することが大切である．

1.2.8 退化と数値誤差の問題

これまでは，X に属す 3 点が一直線上に並ぶことはないなど，都合の悪い例外は生じないものと勝手に仮定して話を進めてきた．しかし，現実の場面では，そのような虫のいい仮定は通用しない．だから，すべての場合に対処できるよう例外処理を完備しないとアルゴリズムとして完成されたものにはならない．しかし，そのようなアルゴリズムを設計することはやさしいことではない．

幾何問題 P を解くアルゴリズム A があるとしよう．一般にアルゴリズムの中では，計算結果の符号によって述語の真偽を判定する処理が含まれる．式 (1.1) の値の符号を使って述語 leftturn の真偽を判定するなどがその例である．ここで，符号が正でも負でもなくて，ちょうど 0 になることがある．そのとき，入力は退化している (degenerate) という．だから何が退化であるかはアルゴリズムに依存して決まる．あるアルゴリズムにとって退化であっても別のアルゴリズムにとって退化であるとは限らない．

述語 leftturn を使用したアルゴリズムでは，式 (1.1) の値が 0 となる場合が退化である．このときには，3 点 p_1, p_2, p_3 が同一直線上に乗るわけであるが，その中には多くの異なる状況が含まれる．p_1, p_2, p_3 の順に訪れるとき，p_2 では右へも左へも折れないでそのまま前へ進む場合，p_2 で 180 度向きを変えて後ろへ戻る場合，p_2 と p_3 が同じ位置を占めるためにその場に止まる場合などである．式 (1.1) の値からはこれらの区別はできない．退化していることはわかっても，それがどういう状況なのかは，また別の計算によって調べなければならない．そして状況

がわかったところで，それぞれに応じた処理をしなければならない．だから例外処理の手続きは複雑なものになる．

しかし，実際に使えるアルゴリズムを作ろうとするとき，退化に関してはもっと深刻な困難がある．それは，計算に誤差が含まれる現実のコンピュータでは，そもそも退化が生じているか否かを正確には判定できないという困難である．退化が生じていても，計算誤差のために，符号を判定すべき式の値は 0 にはならない．0 に近い値になるだけである．だから，退化を正確には認識できない．それにもかかわらず退化への対策を施さなければならないというのは，初めて聞くと，絶望的な状況に見えるだろう．でも，これが現実であり，この困難を克服しなければ実用上望まれているアルゴリズムは提供できない．すなわち，退化と誤差に対する対策が立たなければ，計算幾何学の理論は完成しないのである．

ここで，入力が退化に近い状況のとき，数値誤差によってアルゴリズムがどのように破綻するかを観察してみよう．

まず，アルゴリズム 1.1 の素朴な方法についてみてみよう．図 1.6(a) に示すように，3 点 p_i, p_j, p_k が凸包の境界付近でほとんど一直線上に並んでいるとしよう．数値誤差のために，中間の点 p_j が凸包境界上にあるのかあるいは少し内部に入っているのかを正確に判定することは難しい．だから，p_j も凸包境界にあると判定されて，2 つの有向線分 $\overrightarrow{p_ip_j}, \overrightarrow{p_jp_k}$ が境界辺として検出するかもしれない．また，p_j は凸包の内部にあると判定されて，1 つの有向線分 $\overrightarrow{p_ip_k}$ だけが境界辺として検出されるかもしれない．しかし，どちらの場合も，凸包の大域的な形は正しくとらえることができるから，許されるであろう．

しかし，数値誤差の影響で，もっと別の結果が得られることもある．今，有向線分

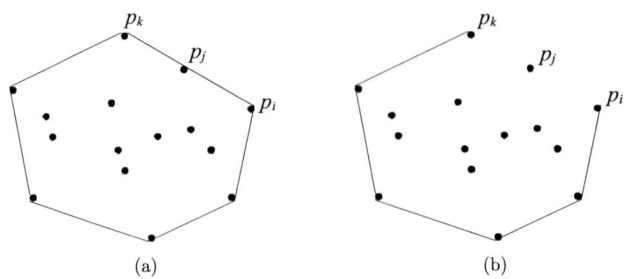

図 **1.6** 素朴な方法が破綻する例

$\overrightarrow{p_ip_j}$ に対して，残りの点がすべて左にあるかどうかを調べたとしよう（アルゴリズム 1.1 のステップ 2.1）．p_i, p_j, p_k がほぼ同一直線上にあるため，leftturn(p_i, p_j, p_k) が true か false かは，サイコロを振って奇数か偶数かで決めるように，ほとんどでたらめに判定される．だから，leftturn(p_i, p_j, p_k) が false であると判定されることもある．そうなると $\overrightarrow{p_ip_j}$ は凸包境界辺ではないと判断される．同様に leftturn(p_j, p_k, p_i) も，leftturn(p_i, p_k, p_j) も両方とも false と判定されうる．この場合には，図 1.6(b) に示すように，p_i と p_k の間の境界辺はまったく検出されないまま処理が終わってしまう．すなわち，凸包境界は閉じた多角形のはずなのに一部が欠けて，閉じないという結果になって，凸包構成は失敗してしまう．

次にアルゴリズム 1.2 の逐次添加構成法についてみてみよう．図 1.7(a) に示すように，X は 6 個の点からなりそのうちの 4 点がほぼ垂直に並んでいたとしよう．そして，x 座標の小さい順に並べた結果，図の $p_1, p_2, \ldots, p_6$ の順であると認識されたとしよう．次に，p_4 まで添加したときには，図 1.7(b) に示すように正しく凸包が構成され，次に p_5 を添加するとしよう．(b) では，(a) と比べて p_5 が右にずれた位置に描かれているが，これは leftturn の値から判定された結果をわかりやすく表示したためである．以下でも，わかりやすく表示するために，必要に応じてこの便法を用いる．直前に添加した点は p_4 だから，p_4 で時計回りに境界

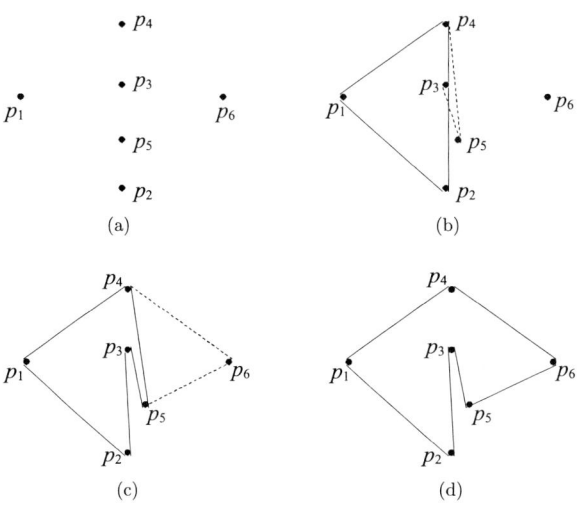

図 **1.7** 逐次添加構成法が破綻する例

をたどり leftturn(p_5, p_4, p_1) を計算する．ここでは正しく true の値が得られて，p_4 が，境界を反時計回りにたどったとき p_5 から見える最後の点であると判定されたとする．次に，p_4 から時計回りに境界をたどって leftturn(p_5, p_4, p_3) を調べる．この 3 点はほぼ同一直線上に乗っているから，true か false かはランダムに決まるようなものである．今，false と判定されたとしよう．すると，p_4 から時計回りに境界をたどったとき p_5 から見える最後の点が p_3 であるということになる．その結果，凸包は図 1.7(c) の構造であると判定される．その後 p_6 を添加したときには，p_6 から見えるのは p_5 から p_4 の範囲であると判定されるから，最終的に図 1.7(d) の結果が得られる．これは真の凸包からはほど遠い形であり，凸包の構成は失敗である．

アルゴリズム 1.3 では，調べるべき点を限定した後で，通常のアルゴリズムを利用するから，図 1.6 や図 1.7 のような破綻が生じうる．

アルゴリズム 1.4 の包装法はどうであろうか．これを図 1.8(a) の点配置で考えてみよう．この図のように，右端の 4 点がほぼ垂直に並んでいるとしよう．ここで p_1 が最も右と判定され，垂直な直線を p_1 の回りで反時計回りに回転させたとき最初にぶつかる点が，図の p_2 であると判定されたとしよう．そして，順に p_6 まで凸包境界が検出されたとする．次に，p_5, p_6 を通る直線 l を p_6 を中心として反時計回りに回転させて初めてぶつかる点をみつけなければならない．このとき，最初にぶつかるのは p_1 ではなくて，図 1.8(b) の点 p_7 であると判定されたとする．すると，アルゴリズムは，Y に残されている点をたどって反時計回りにもう 1 回転するから，その出力は自己交差した多角形となり，正しい凸包にはならない．

このように，計算誤差が発生する現実のコンピュータでは，多くのアルゴリズ

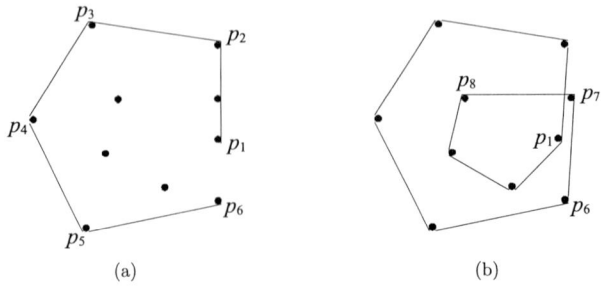

図 1.8 包装法が破綻する例

ムが正しく目的を達成することができなくなる危険性をはらんでいる．したがって，誤差のない世界で正しさが証明されていても，それだけでは正しく動作する保証にはならないのである．

しかし，欧米を中心とする計算幾何学の標準的教科書では，この問題についてはほとんど議論されていない．オーダというものさしで計った時間計算量を減らすことを至上目的として，時間計算量のできるだけ小さいアルゴリズムを設計した段階で議論を停止してしまっている．だからそれらの教科書は，計算幾何学アルゴリズムの計算効率の側面に焦点を合わせたものであり，それだけで十分なわけではないことはしっかり認識すべきである．

本書では，他の教科書では避けられがちな退化と誤差の問題も，逃げないで正面から扱う．計算に誤差の発生する世界で，退化も含めた状況を適確に認識して対処し正常に動作するアルゴリズムというのは，普通に考えると，自己矛盾したものであり，そんなものはありえないものと思われるかもしれない．しかし，どんなにありえなさそうに見えても実用上それが望まれるからには逃げないで追求するというのが数理工学の精神である．そして実際に追求してみると，そんなに難しくはない．本書では，有限の精度で計算を行っても安定に動作する幾何アルゴリズムの設計方針として2つのものを採用する．その詳しい内容は順に紹介するが，ここでは基本アイデアを示しておこう．

その第1は，入力データの精度を制限することによって，もともと連続の空間に存在していた幾何学の世界を，離散で有限のものに置き換えるというアイデアである．状況が有限であれば，そのどれが成立しているかは有限の計算精度で判定できるので，それに必要な精度を確保する．その結果，判定誤りがけっして生じない世界を作ることができ，アルゴリズムが正しく動作することが保証される．このアイデアは，「厳密計算法」あるいは「整数帰着法」と呼ばれている．

厳密計算法では，退化していることも正しく判定される．そのためすべての退化に対する例外処理を完備しないとアルゴリズムは完成しない．これは厳密計算法から生じる新たな課題であるが，これを回避するうまい方法もある．それは，記号摂動法と呼ばれる方法で，「無限小」を表す記号を導入し，それによって入力データに摂動を与えることによって，退化の生じない世界を作るというアイデアである．これによって，例外処理のわずらわしさから解放される．

第2のアイデアは，厳密計算法とはまったく対極にある考え方であるが，数値

計算は誤差を含むからそもそも信頼できないという前提から出発して，数値に依存しない組合せ位相的構造の整合性を保つことを最優先するというアイデアである．この方法では，誤差のために対象の構造を間違って認識するかもしれないが，少なくとも組合せ位相的には一貫性を保つことができるために，アルゴリズムは行き詰まることなく最後まで処理が進んで正常に終了することが保証される．さらに誤差のある世界では，そもそも退化を認識できないから，退化は生じないとみなして差し支えない．そのために，例外処理は必要とせず，アルゴリズムはとても簡単になる．このアイデアは「位相優先法」と呼ばれている．

これらのアイデアの具体的実現法については，次章以降で順に触れていくことにする．

1.3 章末ノート

計算幾何学で扱う問題も，その応用分野も多岐にわたる．それらを1冊の本で網羅することは不可能である．本書で扱う話題も，それらのうちの基本的なものに限られている．多様な話題に触れ，さらに学習を深めるための教材はたくさんある．

計算幾何学の教科書では Preparata and Shamos[111] が古典的な入門書である．さらにプログラミング技術を強調した O'Rourke[110]，応用的話題をたくさん盛り込んだ de Berg et al.[29]，Devadoss and O'Rourke[32] などもある．Edelsbrunner[36] では，計算幾何学で扱う幾何構造の組合せ複雑さについて詳しく解説されており，幾何問題の難しさや，幾何アルゴリズムの効率を評価するために役立つ多くの知見が含まれている．国内では，浅野[5,6]，今井・今井[63]，佐々木，他[116]，譚・平田[147] などが標準的な教科書である．応用に密着したものでは，地理情報処理への応用を詳しく取り上げた伊理，他[70,71] が特徴的である．また，幾何アルゴリズムのロバスト性を正面から扱った教科書には，杉原[130] がある．

学術雑誌の中でサーベイ記事，解説記事としてもたくさん取り上げられている．初期のものでは，Lee and Preparata[90] が有名である．

計算幾何学に関するハンドブックも出版されている．Sack and Urrutia[114]，Goodman and O'Rourke[52] などである．

計算幾何学は，今も盛んに研究されており，新しい問題や新しいアルゴリズム

が次々と蓄積されている．新しい成果を知るためには，この分野の学術論文や国際会議論文が有効である．

この分野に特化した主な学術雑誌には次のようなものがある．

Discrete & Computational Goemetry
1986 年から Springer より出版されている．

International Journal of Computational Geometry and Applications
1991 年から World Scientific より出版されている．

Computational Geometry: Theory and Applications
1991 年から Elsevier より出版されている．

さらにこの周辺には，計算機科学やアルゴリズム理論に関する多くの学術雑誌があり，それらにも計算幾何の研究成果が掲載されることが多い．

計算幾何学に関する定期的な国際会議も開催されている．その 1 つは，計算幾何学ヨーロッパ会議（European Workshop on Computational Geometry，略称 EuroCG）で，第 1 回目は 1983 年にスイスのチューリッヒで開催された．2 つ目は，ACM 主催の ACM 計算幾何学シンポジウム（ACM Annual Symposium on Computational Geometry，略称 SoCG）で，第 1 回は 1985 年に米国のボルチモアで開催された．3 つ目は，計算幾何学カナダ会議（Canadian Conference on Computational Geometry，略称 CCCG）で，第 1 回目は 1989 年にカナダのモントリオールで開催された．これら 3 つの会議は，その後，ほぼ毎年開催され現在に至っている．2012 年現在，計算幾何学ヨーロッパ会議は 3 月に，ACM 計算幾何学シンポジウムは 6 月に，計算幾何学カナダ会議は 8 月に開かれ，ほぼこの時期に開催されることが定着している．

また，これらから少し遅れて，1997 年に Japan Conference on Discrete and Computational Geometry（略称 JCDCG）も始まった．この会議は秋山仁が中心となって，日本と周辺のアジア諸国で順次開催され，場所と時期に応じて少しずつ名称を変えながら続いている．たとえば 2007 年には Kyoto International Conference on Computational Geometry and Graph Theory（略称 KyotoCGGT2007）という名称で京都で，2009 年には Japan Conference on Computational Geometry and Graphs（略称 JCCGG2009）という名称で金沢で，2012 年には Thailand-Japan Joint Conference on Computational Geometry and Graphs（略称 TJJCCGG2012）という名称でバンコック市で開かれている．

2

超ロバスト計算原理
―整数帰着法と記号摂動法―

　第1章では，凸包構成問題を例にあげて，時間計算量を減らす工夫について見てきた．しかし，それだけでは数値誤差に対する不安定性が残るために，実用的なアルゴリズムとはならなかった．本章では，やはり凸包構成問題を例にとって，数値計算は有限の精度でしかできない現実のコンピュータで，構造の判定がいつも正しくできる方法を紹介する．この方法は，整数帰着法，あるいは厳密計算法と呼ばれる．判定の誤りがけっして生じないという意味で，この方法は「超ロバスト」な計算法と呼ぶことができよう．

　構造の判定がいつも正しくできるようになると，退化が生じているか否かも厳密にわかる．したがって，すべての退化に対する例外処理を用意しないとアルゴリズムは完成しない．でも，退化は一般に非常に多様であり，すべての退化に対して漏れなく例外処理を用意することは大変な労力を要する．しかし，幸いなことに，この困難は，退化を自動的に解消する「記号摂動」と呼ばれる技術によって回避できる．この技術についても本章で紹介する．

2.1　整　数　帰　着　法

　一般に有限の精度で計算を行うと，その精度を越えた値は近似値として表現されるため，計算の結果も近似値となる．したがって，幾何構造の判定をいつも正しく行うことは難しい．これが，幾何アルゴリズムをコンピュータで実行するときの常識的な感覚であろう．しかし，この感覚の背後には，計算の対象となる図形は，空間の中でその姿を連続に変えうる無限の可能性をもっているという暗黙の前提があるのではないだろうか．

　でも，実際にはそうではない．精度が有限であるということは，入力データも有限の精度で表されるということであり，したがって，連続に変化する図形のす

べてを表せるわけではない．入力データとして表しうる問題は離散的に分布するものであり，そのどれであるかは，やはり有限の精度でも区別しうる．このことに着目したのが厳密計算法である．

このことを 2 次元凸包構成問題を例にとって考えよう．この問題の入力データは，点の数 n と，n 個の点の x, y 座標 $x_1, y_1, \ldots, x_n, y_n$ である．n は整数だから，正しく表現されると考えてよい．一方，点の x, y 座標は実数値であり，普通は浮動小数点表示などで表される．だから離散的な値をとる．

簡単のために，x, y 座標軸を十分大きなスケールで拡大し，座標値の小数部分を四捨五入して整数で表すことにしよう．すなわち，L を十分大きな整数とし，点の x, y 座標は

$$-L \leq x_1, y_1, \ldots, x_n, y_n \leq L \tag{2.1}$$

を満たす整数で表されるとする．L として十分に大きな値をとれば，実用的な場面では不都合はないであろう．このような $x_1, y_1, \ldots, x_n, y_n$ は，その由来からいえば真の座標値の近似値であるが，どうせ有限の精度でしかものごとを表せないのであるから，これを正しい座標値であるとみなして出発し直しても構わないであろう．以下では，入力データは式 (2.1) を満たす整数で与えられ，これが点の厳密に正しい座標値であるとみなす．

凸包構成のためには，式 (1.1) で与えられる F の符号を求めなければならない．今，点の座標値が整数であるから，F の値も整数となる．したがって，オーバーフローさえしなければ，F の値は正しく求めることができ，その符号も正しく判定できる．

そこで，F がどれほど大きな整数になりうるのかを見積もろう．そのためには，次の性質が役立つ．

性質 2.1（アダマールの不等式） 正方行列 A の行列式 $|A|$ の絶対値は，A の列ベクトルの長さの積を越えない．

この性質から F の絶対値の上限を次のように見積もることができる：

$$|F(p_i, p_j, p_k)| \leq \sqrt{1^2 + 1^2 + 1^2} \cdot \sqrt{x_i{}^2 + x_j{}^2 + x_k{}^2} \cdot \sqrt{y_i{}^2 + y_j{}^2 + y_k{}^2}$$
$$\leq \sqrt{3} \cdot \sqrt{3L^2} \cdot \sqrt{3L^2} = 3\sqrt{3}L^2 < 2^3 L^2. \tag{2.2}$$

上の2つ目の不等号は，式 (2.1) から得られる．絶対値が $2^3 L^2$ の整数を表せるだけのビット数を用いて計算を実行すれば，F の値もその符号も常に正しく計算できる．

今，点の座標がそれぞれ k ビットで表せるとしよう．このとき

$$L \leq 2^{k-1} - 1 \tag{2.3}$$

である．なぜなら，式 (2.3) が成り立つとき，各座標値の絶対値は $k-1$ ビットの正整数で表現でき，それにあと 1 ビットを加えると，符号つきの整数で表すことができるからである．

式 (2.3) が成り立つときには

$$2^3 L^2 \leq 2^3 (2^{k-1} - 1)^2 \leq 2^{2k+1} - 1 \tag{2.4}$$

となる．したがって F の絶対値は $2k+1$ ビットの整数で表現でき，符号も含めた F の値は $2k+2$ ビットで表現できる．以上のことから，入力データの各座標値 $x_1, y_1, \ldots, x_n, y_n$ を k ビットの整数で表したときには，$2k+2$ ビットの整数を用いて計算を行えば，F の値も符号も正しく計算できることがわかる．

このように，入力データがそもそも有限の精度で表現されることを積極的に利用して，アルゴリズムの中の述語の真理値を整数計算に帰着させることができれば，述語の真偽を常に正しく判定できる．この方法は，**整数帰着法**または**厳密計算法**と呼ばれる．上の例の F の計算には割り算が含まれていないが，符号を決定すべき計算に割り算が含まれていても，その計算式を通分して，分子と分母をそれぞれ計算すれば，やはり整数計算のみで符号の判定ができる．

これをまとめておこう．

整数帰着法 述語の真理値を決定するための計算が，入力データに対する四則演算のみで構成できるとする．この場合には，入力データを有限精度の整数に限れば，その精度に依存して決まるある有限の精度で述語の値を正しく計算できる．

とくに凸包構成問題においては，入力データの各座標値を k ビットの整数に制限すれば，$2k+2$ ビットの精度の計算で述語 leftturn の値を正しく決定できる．

一般に幾何問題を解くために必要な述語の値は，四則演算のみで決定できる場

合が多い．したがって，正しく決定できるための計算精度が非常に高いという場合を除いて広く適用できる強力な方法である．

2.2 無限小記号

整数帰着法が適用できる場面では，述語の値を決定するための計算がいつも正しくできるから，退化が生じていることも厳密にわかってしまう．したがって，すべての退化に対する例外処理を用意しないとアルゴリズムは完成しない．しかし，この困難は比較的やさしく解決できる．この退化処理の困難を統一的に回避できる巧妙な技術があるからだ．それは，記号摂動法と呼ばれる技術である．この技術を用いると，入力データにどのような退化が生じていても，それを自動的に解消して一般の場合の処理に帰着させることができる．その結果，一般の場合の手続きだけを記述したアルゴリズムで，例外を含むすべての入力を正常に処理することができる．本節では，この方法を紹介する．

入力が退化しているとき，その入力データの値に小さな値をランダムに加えて変更すれば，たいていの場合に退化は消えるであろう．この操作は，数値的にデータに摂動を加えることなので，数値摂動と呼ばれる．数値摂動は素直なアイデアであるが，必ずしもうまくいくとは限らない．なぜなら，第一に整数帰着法では入力データは整数でなければならないから，加える摂動の値も整数であって必ずしも小さな値とはいえないし，その上，摂動を加えた結果がまた別の退化を生じてしまうこともあるからである．

そのため，数値ではなくて記号を使って形式的に摂動を加えることを考える．摂動に使う記号を ε としよう．1つひとつの入力データに異なる摂動を与えたい．そのために ε の異なる多項式を加えることにする．すると，入力データは数値から ε の多項式に変わる．凸包構成問題では，点の座標が数値から ε の多項式に変わる．その結果，等号を判定したい式 F も ε の多項式となる．

しかし，多項式に対しては一般には符号は定まらない．たとえば $f = \varepsilon^2 + 2\varepsilon + 3$ とすると

$$f = (\varepsilon + 1)^2 + 2 \tag{2.5}$$

と表せるから，$f > 0$ である．しかし，このように符号が決まるのは，例外的な

特別の場合のみである．

　ここで，多項式の世界に新たに符号を導入する．整数全体の集合を $\mathbf{Z}$ で表し，整数係数をもつ ε の多項式の全体を $\mathbf{Z}[\varepsilon]$ で表す．多項式 $f \in \mathbf{Z}[\varepsilon]$ が

$$f = f_0 + f_1\varepsilon + f_2\varepsilon^2 + \cdots + f_n\varepsilon^n \tag{2.6}$$

と表されたとしよう．ここで，$f_1, f_2, \ldots, f_n$ のうち最初から見ていって初めて 0 でないものを f_i とする．すなわち

$$f_0 = f_1 = \cdots = f_{i-1} = 0, \quad f_i \neq 0 \tag{2.7}$$

である．f_i は整数だから符号が決まっている．それを $\mathrm{sign}(f_i)$ で表す．このとき，多項式 f の符号を

$$\mathrm{sign}(f) = \mathrm{sign}(f_i) \tag{2.8}$$

と定める．

　このように定めた多項式の世界での符号は，直観的には ε を正の無限小とみなすことに相当する．なぜなら，式 (2.8) は，f の符号が，最初の非零項 $f_i\varepsilon^i$ だけで決まり，それより高次の項の係数が f_i とは異なる符号をもっていても，$f_i\varepsilon^i$ の符号をくつがえすほど大きくはなりえないことを意味しているからである．

　しかし，普通は符号の決まらない多項式の世界に，このように新しく符号を導入してよいのかと心配になるかもしれない．大丈夫なのである．心配はいらない．この符号が多項式の世界と両立することを次の節で確認しよう．

2.3　多項式が作る順序環

　まず，式 (2.8) で定めた符号の基本的性質をまとめておこう．X を集合とし，任意の要素 $a, b \in X$ に対して $a \leq b$ かあるいは $b \leq a$ かの少なくとも一方が定められているとする．2 項関係 $\leq$ は，次の性質 (i), (ii), (iii) が満たされるとき順序 (order) と呼ばれる．

(i) 任意の $a \in X$ に対して $a \leq a$（反射律）
(ii) 任意の $a, b \in X$ に対して $a \leq b$ かつ $b \leq a$ ならば $a = b$ である（反対称律）

(iii) 任意の $a, b, c \in X$ に対して $a \leq b$ かつ $b \leq c$ ならば $a \leq c$ である（推移律）

また，$\leq$ が順序のとき，この2項関係をもつ集合 X は**全順序集合** (totally ordered set) と呼ばれる．

たとえば，整数の世界 $\mathbf{Z}$ での通常の大小関係 $\leq$ は，(i), (ii), (iii) を満たすから順序である．

2つの多項式 $f, g \in \mathbf{Z}[\varepsilon]$ に対して，$f - g$ の符号が負または 0 のとき $f \leq g$ と定める．このように定めた2項関係 $\leq$ は上の (i), (ii), (iii) を満たすことが次のように確認できる．

まず，任意の $f \in \mathbf{Z}[\varepsilon]$ に対して，$f - f = 0$ だから $f \leq f$ であり (i) が成り立つ．次に，$f, g \in \mathbf{Z}[\varepsilon]$ に対して，$f \leq g$ かつ $g \leq f$ であるとする．前者の関係より $f - g$ は負または 0 であり，後者の関係より $f - g$ は正または 0 である．両方とも成り立つのは $f - g = 0$ のときのみであるから $f = g$ である．すなわち (ii) が成り立つ．

最後に $f, g, h \in \mathbf{Z}[\varepsilon]$ に対して $f \leq g$ かつ $g \leq h$ であるとする．今，$f \neq g, g \neq h$ とする．このとき前者より $f - g < 0$ であるから $f - g$ の最も次数の低い非零項を $a\varepsilon^i$ とすると $a < 0$ である．後者より $g - h < 0$ であるから $g - h$ の最も次数の低い非零項を $g\varepsilon^j$ とすると $b < 0$ である．$f - h = (f - g) + (g - h)$ だから $\mathrm{sign}(f - h) = \mathrm{sign}(a\varepsilon^i + b\varepsilon^j)$ であり，i と j の大小関係のいかんにかかわらず $f - h < 0$ である．$f = g$ または $g = h$ の場合も類似の議論によって $f - g \leq 0$ が得られる．したがって (iii) が成り立つ．

したがって，多項式全体 $\mathbf{Z}[\varepsilon]$ は全順序集合である．

一方，多項式の世界では足し算，引き算，掛け算が自由にできる．多項式にそのような演算を施した結果もやはり多項式である．多項式のこの代数的構造は次の性質にまとめることができる．

(1) $f, g \in \mathbf{Z}[\varepsilon]$ のとき $f + g = g + f \in \mathbf{Z}[\varepsilon]$ である．
(2) $f, g, h \in \mathbf{Z}[\varepsilon]$ のとき $(f + g) + h = f + (g + h)$ である．
(3) 「任意の $f \in \mathbf{Z}[\varepsilon]$ に対して $f + e = f$」を満たす $e \in \mathbf{Z}[\varepsilon]$ が存在する．［この e は 0 のことである］
(4) $f \in \mathbf{Z}[\varepsilon]$ のとき $f + g = 0$ となる $g \in \mathbf{Z}[\varepsilon]$ が存在する．［この g は $-f$ の

(5) $f, g \in \mathbf{Z}[\varepsilon]$ のとき $fg \in \mathbf{Z}[\varepsilon]$ である.
(6) $f, g, h \in \mathbf{Z}[\varepsilon]$ のとき $(fg)h = f(gh)$ である.
(7) $f, g, h \in \mathbf{Z}[\varepsilon]$ のとき $(f+g)h = fh + gh$, $h(f+g) = hf + hg$ である.

(1) は，2つの多項式の和も多項式であり，2つの多項式を入れかえても和は変わらないことを表している．この性質が満たされる演算は**可換** (commutative) であるといわれる．(2) は，3つの多項式の和をとるとき，和をとる順序を入れかえても結果は変わらないことを表している．この性質が満たされるとき，**結合的** (associative) であるといわれる．(3) を満たす e は和に関する**単位元** (unit element) と呼ばれる．(4) は，任意の多項式 f に対して和が 0 になるもう 1 つの多項式 g が存在することを表している．この g は f の**逆元** (inverse element) と呼ばれる．(1) から (4) が満たされる代数構造は**可換群** (commutative group) と呼ばれる．多項式の全体は和に関して可換群をなすわけである．

(5), (6) が満たされる代数構造は**半群** (semi group) と呼ばれる．多項式の全体は積に関して半群をなすわけである．

(7) は和と積の関係を表すもので，**分配律** (law of distribution) と呼ばれる．

(1)〜(7) の性質をもつ代数構造は**環** (ring) と呼ばれる．多項式の全体 $\mathbf{Z}[\varepsilon]$ が環の構造をもつことを強調したいときには，$\mathbf{Z}[\varepsilon]$ のことを**多項式環** (polynomial ring) と呼ぶ．

さて，整数全体 $\mathbf{Z}$ も環である．だから加減乗算が自由にできた．また $\mathbf{Z}$ は全順序集合でもある．そして，$\mathbf{Z}$ の中では，加減乗算の結果の符号によって述語 leftturn の値を決定することができた．$\mathbf{Z}$ の中での演算と符号判定が整合性をもって実行できた背景には，演算と順序の間に次の性質がある．

(iv) $a, b, c \in \mathbf{Z}$ に対して $a \leq b$ ならば $a + c \leq b + c$ が成り立つ．
(v) $a, b, c \in \mathbf{Z}$ に対して $a \leq b$ かつ $0 \leq c$ ならば $ac \leq bc$ が成り立つ．

(iv), (v) が成り立つ全順序をもった環は**順序環** (ordered ring) と呼ばれる．整数環 $\mathbf{Z}$ は順序環であり，だから演算と符号の間の整合性が保たれており，F の計算結果の符号から述語の値を決めることもできた．

そして，実は，多項式環 $\mathbf{Z}[\varepsilon]$ も順序環である．このことは，多項式に対して

式 (2.8) で定めた符号から決まる順序が，(iv),(v) に対応する性質を満たすことからわかる．実際，$f, g \in \mathbf{Z}[\varepsilon]$ に対して $f \leq g$ のとき，任意の $h \in \mathbf{Z}[\varepsilon]$ に対して $(f+h)-(g+h) = f-g$ であるから $f+h \leq g+h$ が成り立ち，(iv) が満たされる．また，$0 \leq h$ のとき，$f-g$ の符号に寄与する最低次項の係数は，$h(f-g)$ の対応する最低次項と同じ符号をもつから，(v) も満たされる．

このよう多項式環 $\mathbf{Z}[\varepsilon]$ は，式 (2.8) で導入した順序に関して順序環となり，その中での演算と符号との間には整合性が保たれる．このことから凸包構成問題において，入力データに ε の多項式を加え，その結果得られる ε の多項式 F の符号によって述語 leftturn の値を決めてもよさそうだということを感じてもらえたであろう．次節では，この符号判定が実際に何を意味しているかを見てみよう．

2.4 記 号 摂 動

凸包構成問題の入力として与えられる点 p_i の座標 (x_i, y_i), $i = 1, 2, \ldots, n$, に対して，点 $\overline{p_i}$ の座標 $(\overline{x_i}, \overline{y_i})$ を次のように定める：

$$\overline{x_i} = x_i + \varepsilon^i, \tag{2.9}$$

$$\overline{y_i} = y_i + \varepsilon^{M^i}. \tag{2.10}$$

ただし，M は十分に大きな正整数である．ε は無限小に対応するから，ε の次数が高いほど無限小の程度も高いと考えてよいであろう．式 (2.9) は，点の x 座標には無限小の摂動を加えるが，その大きさは点の番号が若いほど大きいことを意味している．式 (2.10) は点の y 座標にも番号順に小さくなる無限小 ε を加えているが，その大きさは，x 座標に加えられる無限小よりはるかに小さいことを意味している．これが F の符号判定にどのような影響を与えるかを見ていこう．

p_i, p_j, p_k の代わりに $\overline{p_i}, \overline{p_j}, \overline{p_k}$ を使うと，F は

$$F(\overline{p_i}, \overline{p_j}, \overline{p_k}) = \begin{vmatrix} 1 & x_i + \varepsilon^i & y_i + \varepsilon^{M^i} \\ 1 & x_j + \varepsilon^j & y_j + \varepsilon^{M^j} \\ 1 & x_k + \varepsilon^k & y_k + \varepsilon^{M^k} \end{vmatrix} \tag{2.11}$$

と表される．ここで，一般性を失うことなく，$i < j < k$ と仮定して $F(\overline{p_i}, \overline{p_j}, \overline{p_k})$ を次数の低い方から展開してみよう．

$$F(\overline{p_i}, \overline{p_j}, \overline{p_k}) = \begin{vmatrix} 1 & x_i & y_i \\ 1 & x_j & y_j \\ 1 & x_k & y_k \end{vmatrix} - \begin{vmatrix} 1 & y_j \\ 1 & y_k \end{vmatrix} \varepsilon^i + \begin{vmatrix} 1 & y_i \\ 1 & y_k \end{vmatrix} \varepsilon^j$$

$$- \begin{vmatrix} 1 & y_i \\ 1 & y_j \end{vmatrix} \varepsilon^k + \begin{vmatrix} 1 & x_j \\ 1 & x_k \end{vmatrix} \varepsilon^{M^i} - \varepsilon^{M^i+j} + \cdots \quad (2.12)$$

である．多項式 $F(\overline{p_i}, \overline{p_j}, \overline{p_k})$ の符号に従って述語 leftturn の値を決めることが何を意味するかを例で見てみよう．

多項式の符号は，非零の最も低い次数の項の係数の符号と一致する．まず，式 (2.12) 右辺の第 1 項である定数項で符号が決まる場合を考えよう．第 1 項は $F(p_i, p_j, p_k)$ 自身であるから，これが非零ということは退化が生じていないことを意味する．この場合はこの項の符号が採用される．したがって，退化が生じていない場合には，式 (2.12) で述語 leftturn の値を決めることは，摂動を加える前の $F(p_i, p_j, p_k)$ の値で符号を判定することと変わりはない．すなわち，式 (2.9)，(2.10) の摂動は何の影響も与えない．

次に定数項が零の場合を考えよう．この場合は退化が生じている．式 (2.12) の右辺第 2 項で符号が決まる状況の例を図 2.1 に示した．(a) と (b) はどちらも 3 点が一直線に並んでいるが，その順序が異なる．これらの退化状態が式 (2.12) の第 2 項で判定されることの直観的意味は次のとおりである．p_i, p_j, p_k の x, y 座標のうち最も大きな摂動が加えられているのは，次数の最も低い項 ε^i が加えられた $\overline{x_i}$ である．すなわち，p_i の x 座標を x 軸の正方向へ移動させる摂動である．これを誇張して示したのが図 2.1 の矢印である．この摂動によって p_i は $\overline{p_i}$ へ動く．その結果，図 2.1(a) では破線で示すように，$\overline{p_i}, p_j, p_k$ の順に訪れると p_j で右へ折れる（p_j, p_k にも摂動が加えられて $\overline{p_j}, \overline{p_k}$ へ移っているが，その大きさは p_i の摂動よりははるかに小さいので，ここでは無視する）．図 2.1(a) より $y_j < y_k$ で

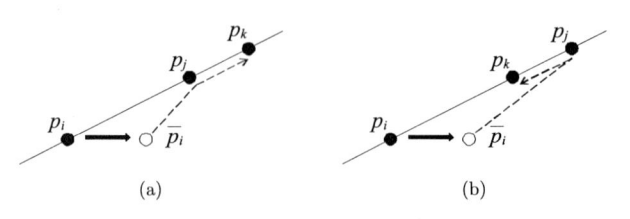

(a)   (b)

図 **2.1** 第 2 項目で符号が決まる退化の例

2.4 記号摂動

あるから，式 (2.12) の第 2 項の係数は

$$-\begin{vmatrix} 1 & y_j \\ 1 & y_k \end{vmatrix} = -(y_k - y_j) < 0$$

となる．この符号から，leftturn$(\overline{p_i}, p_j, p_k)$ = false と判定されるが，これは右へ折れているという図 2.1(a) の観察結果と一致している．一方，図 2.1(b) では，p_j と p_k の順序が逆になっているため $y_k < y_j$ であり，式 (2.12) の第 2 項の係数は正となる．したがって，この符号から leftturn$(\overline{p_i}, p_j, p_k)$ = true と判定される．これは，図 2.1 の破線で示すように $\overline{p_i}, p_j, p_k$ と進むとき p_j で左へ折れていることと一致している．

式 (2.12) の第 3 項で符号が決まる退化の例を図 2.2 に示した．(a) と (b) はどちらも p_j と p_k が同じ位置を占め，p_i の位置だけが異なる．この場合は p_i の x 座標の摂動だけでは退化は解消できない．そこで，2 番目に大きい摂動に対応して p_j を x 座標正方向へ移動させると初めて退化が解消し，(a) では左折れ，(b) では右折れの状況が生まれる．一方，図 2.2(a) では $y_i < y_k$ であるから，式 (2.12) の第 3 項は

$$\begin{vmatrix} 1 & y_i \\ 1 & y_k \end{vmatrix} = y_k - y_i > 0$$

となり，(b) では $y_k < y_i$ であるから，この第 3 項は負となる．これらの符号は，図 2.2 の破線で示した右折れ，左折れと一致している．

式 (2.12) の第 2 項と第 3 項が共に 0 のときは，$y_i = y_j = y_k$ となるから第 4 項も必然的に 0 になる．この式の第 5 項で符号が決まる退化の例を図 2.3 に示した．(a) も (b) も 3 点 p_i, p_j, p_k は水平な直線の上にあり，その順序だけが異なる．この場合には，x_i, x_j, x_k に摂動を加えても退化は解消されず，その次に大きい y_i

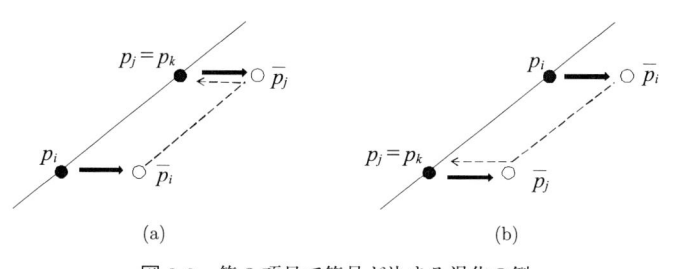

図 2.2 第 3 項目で符号が決まる退化の例

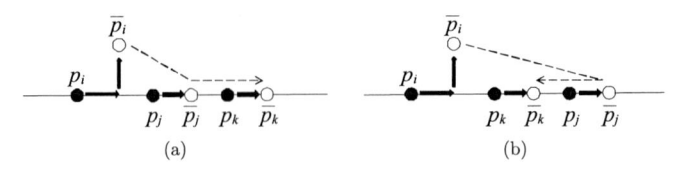

図 2.3 第 5 項目で符号が決まる退化の例

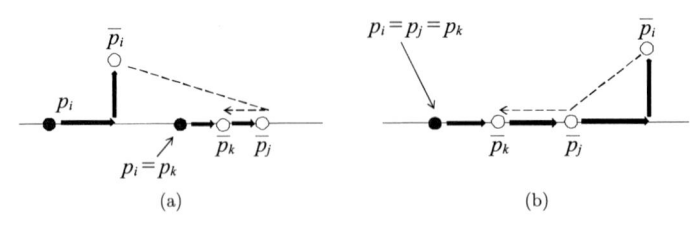

図 2.4 第 6 項目で符号が決まる退化の例

の摂動によって初めて退化が解消される．式 (2.12) の第 5 項の係数は，(a) では $x_j < x_k$ であるから正であり，(b) では $x_k < x_j$ であるから負である．一方，図の破線で示すように，(a) では左折れ，(b) では右折れであり，符号と一致する．

第 5 項までがすべて 0 で，第 6 項で符号が決まる退化の例を図 2.4 に示した．(a) では p_j と p_k が同じ位置を占め，p_i はそれと同じ水平線上にある．(b) では，p_i, p_j, p_k がすべて同じ位置を占めている．第 6 項は負であるが，(a) も (b) も破線で示すように，右折れであり，この符号と整合がとれている．

以上で見てきたとおり，式 (2.12) によって符号を判定することができるが，この中で次の 2 つのことが重要である．

観察 1　式 (2.12) の定数項は $F(p_i, p_j, p_k)$ 自身であるから，退化が生じていないときには，摂動は符号判定に何も影響を与えない．

観察 2　式 (2.12) には入力に依存しない係数をもつ項（第 6 項）があるから，入力データがどのように退化していても，符号は正か負に決まり，けっして 0 にはならない．すなわち，すべての退化が自動的に解消される．

このように記号 ε の多項式による摂動を与えることによって退化を自動解消する技術は，**記号摂動** (symbolic perturbation) と呼ばれる．

記号摂動によってこの目的を達成できるためには，それぞれの入力データにど

のように摂動を加えるかを工夫しなければならない．ε の多項式で定数項を含まないものを入力データに加えれば，観察 1 に対応する性質を満たすことはできる．一方，観察 2 に対応する性質が保証されるためには，データごとに加える摂動の大きさが大きく異なるようにすることが大切である．どのように摂動の大きさを調整するべきかは，個々の幾何問題ごとに考えなければならない．

　記号摂動をアルゴリズムに組み込むことができれば，その効果は大きい．なぜなら，退化に対する例外処理を用意しなくても，すべての退化に対応できるアルゴリズムができるからである．これは，アルゴリズムの理論だけでなく，実際にアルゴリズムをソフトウェアとして実装し，正常に動作するコンピュータプログラムを作る上でも重要な技術である．

2.5　浮動小数点加速

　整数帰着法と記号摂動法を組み合わせることによって，誤差も例外もない世界を作ることができた．しかし，まだもう 1 つ問題が残っている．それは，計算時間の増加である．述語の判定を誤差なく行うために多倍長の計算を行うので，1 つひとつの計算の時間が大きくなる．しかし，この問題は，加速技術によって回避することができる．本節ではこれを紹介する．

　加速の基本アイデアは，符号判定の計算をまずは浮動小数点表示で行い，結果が信頼できないときにのみ整数帰着法へ切り換えるというものである．これを，述語 leftturn を例にとって見てみよう．

　今までと同じように，入力となる点の座標データは，式 (2.1) を満たす整数で与えられるとしよう．これをまず浮動小数点表示へ変換する．ここで，浮動小数点表示の有効桁数（仮数を表すのに用いられるビット数）が m ビットであるとしよう．座標を浮動小数点へ変換したとき，最後のビットには丸め誤差が入るから上位の $m-1$ ビットが信頼できる値となる．

　$F(p_i, p_j, p_k)$ を次の式で計算するとしよう：

$$F(p_i, p_j, p_k) = \begin{vmatrix} 1 & x_i & y_i \\ 1 & x_j & y_j \\ 1 & x_k & y_k \end{vmatrix}$$

$$= (x_j - x_i)(y_k - y_i) - (x_k - x_i)(y_j - y_i). \qquad (2.13)$$

このとき，それぞれの括弧の中の引き算で最下位の 1 ビットが丸められ，括弧の外の引き算でも最下位のビットが丸められるが，その丸め誤差が大きくても，最終の計算結果の上位 $m-3$ ビットは信頼できる．$|F(p_i, p_j, p_k)|$ のとりうる絶対値は $2^3 L^2$ 以下であるから，計算結果が

$$|F(p_i, p_j, p_k)| \geq 2^3 L^2 2^{-(m-3)} \qquad (2.14)$$

であれば，その符号は信頼できる．したがって，それを採用して leftturn の真理値を決定する．

一方，計算結果が式 (2.14) を満たさない場合は，符号が正しいとは限らないので，その計算結果は使わないで整数計算に切り換えて，改めて $F(p_i, p_j, p_k)$ を計算し直す．

これが，**浮動小数点加速** (floating-point accelleration) と呼ばれる技術である．退化に近い状態がそれほど頻繁には起こらないことが期待される場面では，この加速法はとくに有効である．一方，退化に近い状態が頻繁に生じる場合には，浮動小数点計算は余分な計算となるので，効率の向上は保証されない．

浮動小数点の計算結果が信頼できるか否かを式 (2.14) で判定する方法は，加速法のアイデアの非常に素朴な実現法である．個々の計算に伴う誤差の大きさをもっときめ細かく評価する方法は，数値計算の分野でたくさん提案されており，それを利用すれば，整数計算へ切り換える場合の数を減らせることが期待できる．しかし，その代償として，誤差評価自体の計算時間が増える．したがって，誤差評価のきめ細かさと計算時間とはトレードオフの関係にあり，単純に誤差評価を高めればよいというわけではない．場面に応じて適切な評価法を選ぶ必要があろう．

適切な誤差評価を用いれば，浮動小数点加速技術によって，整数帰着法の欠点である計算時間の増加を大きく改善することができる．したがって，整数帰着法，記号摂動法，浮動小数点加速法は，組み合わせて使うことが効果的である．

2.6 章末ノート

本章で紹介した整数帰着法の考え方は，「有限の精度で表された数値に，有限回の演算を施した計算結果の符号は，やはり有限の精度で厳密に判定できる」とい

う原理に基づいている．この原理は，線形計画問題が多項式時間で解けることをはじめて示した Khachian の楕円体法[80]で使われたものと同じものである．この原理は，その後，線形計画問題を解く Karmarker の内点法[79]や，多項式の零点の近似を利用した Lenstra の因数分解法[92]などにも応用されている．この原理に基づいた厳密な符号判定に必要な計算精度を評価する一般論の研究も吉田[155]などによって行われている．

この原理を計算幾何の問題にはじめて適用したのは，杉原・伊理によるソリッドモデラ設計法[141, 142]であろう．その後，この原理は，立体の境界表現評価[16]，ドロネー三角形分割[78]，ボロノイ図構成法[127]などへ応用され，ロバスト幾何計算の標準的な手法の1つとして確立されていった．この原理は，計算幾何アルゴリズムを実装したソフトウェアライブラリーにも使われている[94, 132, 153, 154]．

幾何的退化を自動解消するための記号摂動法の考え方も，線形計画問題の解法において最初に提案されている．実行可能領域を定義する線形不等式の境界を表す超平面のうちの $n+1$ 枚が，n 次元空間において共通の交点をもつとき，単体法と呼ばれる解法が無限ループに陥る危険性をもっていた．これを回避するために考え出された Bland の方法[19, 72]が記号摂動の一種とみなすことのできる技法である．これを計算幾何の問題へもち込んだのは Edelsbrunner や Yap 等である[39, 127, 151, 152]．

ところで，計算幾何学の理論が提供するアルゴリズムは，そのままでは，計算が有限の精度で行われる現実のコンピュータでは，必ずしも理論どおりの性能を発揮できないという問題は，1980年代の後半に大きく取り上げられ，多くの研究者がこの議論に参加した[34, 59]．そして，ロバストな幾何アルゴリズムの重要性が広く認識されるようになった．当時，ロバストな幾何アルゴリズムを設計する方法として，多様なものが提案された．しかし，その多くは，数値計算のたびにその誤差解析も行って，計算結果が信頼できるか否かを判定し，信頼できない場合は問題ごとに個別の工夫を行うというものであった[46, 54, 96, 97]．しかし，これらの手法は，アルゴリズムを複雑にさせしかも根本的な解決には至らない場合が多かったため，簡単な問題に対して議論されただけで，しだいに消えていった．その結果，実用性のある技法として生き残ったのは，本章で紹介した整数帰着法と記号摂動法を組み合わせたものと，4.3節で述べる位相優先法の2つだけであるといってよい．

3

交点列挙とアレンジメント

第1章と第2章で，計算幾何のアルゴリズムの効率のよさの測り方と，数値的安定化の考え方を述べた．本章からは，この考え方を代表的な幾何問題の解法に適用していく．まず本章では，2次元平面における線分集合が作る交差構造について基本的な問題を考える．

3.1 線分の交差検出問題

3.1.1 2線分の交差判定

点 p_1, p_2 を端点とする線分 l_1 と点 p_3, p_4 を端点とする線分 l_2 が与えられたとする．点 p_i, $i=1,2,3,4$, の座標を (x_i, y_i) とする．また，これらの4点は互いに異なる位置にあるとする．l_1 と l_2 が交差しているか否かを判定する方法を考えよう．

以下では，線分はその端点も含む閉集合であるとする．したがって，端点で接触する場合も，交差しているとみなす．

l_1 と l_2 が交差するためには，l_1 を延長してできる直線に対して，p_3 と p_4 は互いに反対側になければならない．これは，p_1 から出発して p_2 を通過したところで p_3 へ向かう場合と p_4 へ向かう場合とでは，左に折れるか右へ折れるかが互いに異なることを意味している．

第1章で定義した $F(p_i, p_j, p_k)$ を使って

$$G_1 = F(p_1, p_2, p_3) \cdot F(p_1, p_2, p_4) \qquad (3.1)$$

とおくと，上の条件は $G_1 < 0$ と等価である．

同様に

$$G_2 = F(p_3, p_4, p_1) \cdot F(p_3, p_4, p_2) \qquad (3.2)$$

とおくと，l_2 を延長してできる直線に対して，p_1 と p_2 が互いに反対側にあることと $G_2 < 0$ が成り立つことは等価である．

p_1, p_2, p_3, p_4 のうちのどの 3 点も同一直線上に並ぶことがない場合（すなわち G_1 も G_2 も 0 にならない場合）の状況の例を図 3.1 の (a), (b), (c) に示した．$G_1 < 0$ かつ $G_2 < 0$ のときには，図 3.1(a) に示すように，l_1 と l_2 は交差する．$G_1 > 0$ かつ $G_2 > 0$ のときには，図 3.1(b) に示すように，l_1 と l_2 は互いに相手の片側にある．G_1 と G_2 の一方が正で一方が負のときには，図 3.1(c) に示すように，一方の線分の延長線上をもう一方の線分が横切る．

p_1, p_2, p_3, p_4 のうちの 3 点が同一直線上に並ぶ場合は，次のように分類できる．

G_1 と G_2 の一方が 0 でもう一方が負のときには，図 3.1(d) に示すように，一方の線分の端点がもう一方の線分上にある．G_1 と G_2 の一方が 0 でもう一方が正のときには，図 3.1(e) に示すように，一方の線分の延長線上にもう一方の線分の端点がある．

以上の図 3.1(a) から (e) に示したように，G_1 と G_2 の少なくとも一方が非負の場合は，G_1 と G_2 の符号の組合せによって，l_1 と l_2 が交差しているか否かを判定できる．

今まで陽には断らなかったが，G_1, G_2 の計算には，第 2 章で述べた整数帰着法を適用するものとする．したがって，G_1, G_2 の値は正確に計算でき，値が 0 であることも厳密にわかる．G_1 あるいは G_2 が 0 となる場合は退化であるが，上で見たとおり，もう一方が非零なら交差しているか否かは正しく判定できる．

次に，$G_1 = G_2 = 0$ の場合を考えよう．この場合には，l_1 と l_2 は同じ直線に

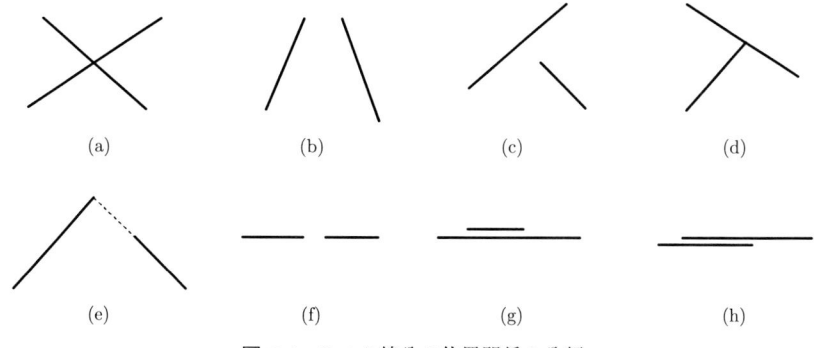

図 3.1　2 つの線分の位置関係の分類

乗っている．そして，G_1 と G_2 の値だけでは，交差しているか否かはわからない．図 3.1(f) に示すように，2 つの線分が交差しないで同一直線上に並ぶ場合，同図 (g) に示すように一方が他方に含まれる場合，同図 (h) に示すように，互いに一部分だけが重なる場合がある．(f) では交差していないが，(g) と (h) では交差している．したがって，この場合は G_1, G_2 の値だけでは，交差しているか否かは判定できない．

　第 2 章で，退化を自動的に回避することのできる記号摂動法を学んだが，それを適用すれば，線分の交差検出問題でも退化をなくすことはできる．しかし，この問題に記号摂動法を適用するのは慎重にしなければならない．なぜなら，記号摂動法によって退化を解消した状態が，本当に検出したい交差状況と一致するとは限らないからである．2 つの線分が接触している状態は，電流を供給したい導線の一部ならつながったままが正常であるが，絶縁しなければならない異なる導線が配線設計の不具合で接続してしまったのならつながらないのが正常である．このように場面によって正常か異常かが異なるから，記号摂動法によって接触状態を勝手に変更してはいけない．実際の応用場面ごとにきめ細かく処理すべきである．

3.1.2 平面走査法

　平面上の n 本の線分の集合 $L = \{l_1, l_2, \ldots, l_n\}$ が与えられ，それぞれの線分 l_i は，その端点 p_{2i-1}, p_{2i} で表されているとする．点 p_j，$j = 1, 2, \ldots, 2n$，の座標を (x_j, y_j) とする．ここで次の問題を考える．

問題 3.1（交差検出問題）　L に属す線分のうちのいずれか 2 本が交差しているか否かを判定せよ．

　交差検出問題は，交差していないはずの n 本の線分が，本当に交差していないことを確認したいときなどに生じる．たとえば超集積回路基盤上の配線を設計した段階で配線同士が交差していないことを確かめたいなどの場合がその例である．
　この問題は，素朴には，すべての線分対に対して，交差チェックを行うことによって解ける．ただし，この方法では，調べるべき線分対の数が $n(n-1)/2$ であるから，時間複雑度は $O(n^2)$ となる．これをもっと効率よく行うために考え出

3.1 線分の交差検出問題

された方法の 1 つが，**平面走査法** (plane-sweep method)[17] である．本節ではこれを紹介する．

平面走査法の基本アイデアは，図 3.2 に示すように，1 本の垂直な直線を左から右へ走査し，それぞれの場所での線分との交差状態を手がかりとして線分同士の交点を探すことである．走査する垂直な線は**走査線** (sweep line) と呼ばれる．以下では走査線を s で表す．

この方法では，2 つの記憶領域 A, B を用いる．A は，走査線 s を動かしていったとき，L に属す線分と走査線との交差状況が変化する場所の x 座標を記憶する領域である．初期状態では，すべての線分の両端点を入れておく．もう 1 つの記憶場所 B には，L に属す線分のうちで走査線と交差するものを，上から順に並べたリストを入れておく．B の初期状態は，走査線は十分左にあってどの線分とも交差していないという状態を表す空リストである．

走査線 s が左から右へ平面を走査していくと，L に属す線分と s との交差の状況は変わっていく．もし 2 つの線分 l_i と l_j が交差しているのなら，走査線のいずれかの位置において，図 3.3 に示すように，l_i と l_j がリスト B 上で隣り合うはずである．そこで，リスト B 上で隣り合う線分の対に対して交差チェックを行うだけで，交差している線分対があればそれを必ず見つけることができるはずである．平面走査法ではこの性質を利用する．

以下では，L に属す線分の端点は互いに異なり，それらの端点の 3 つが同一直線上に並ぶことはないものと仮定する．また，2 つの端点が同一の x 座標をもつ

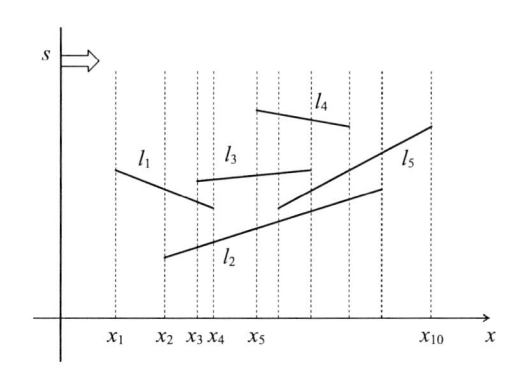

図 **3.2** 走査線による平面の走査

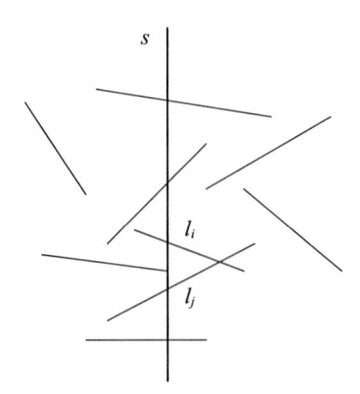

図 3.3 交差する線分の走査線上での位置

こともないものとする．このとき，交差検出のための平面走査法のアルゴリズムは次のとおりである．

アルゴリズム 3.1（交差検出のための平面走査法）
入力：線分集合 $L = \{l_1, l_2, \ldots, l_n\}$
出力：交差の有無
手続き：

1. L に属す線分の端点を A に入れる．
2. リスト B を空にする．
3. A から x 座標が最小の点 p を取り出し，走査線 s を，p を通る位置まで動かす．そして，p を端点とする線分を l とし，p が l の左端点か右端点かに従って次の 4 または 5 を実行する．
4. （p が l の左端点の場合）
   4.1 l をリスト B に加える．ただし，入れる位置は，s と交差する線分の交点の y 座標の大きさの順に従う．
   4.2 リスト B において，l の直前の線分があればそれを l_1 とする．l と l_1 が交差していればそのことを報告して処理を終了する．
   4.3 リスト B において，l の直後の線分があれば，それを l_2 とする．l と l_2 が交差していればそのことを報告して処理を終了する．
   4.4 6 へ行く．
5. （p が l の右端点の場合）

3.1 線分の交差検出問題　　47

 5.1 リスト B において，l の直前の線分があればそれを l_1 とし，直後の線分があればそれを l_2 とする．

 5.2 l をリスト B から取り除く．

 5.3 l_1 と l_2 が共に存在すれば，それらの交差をチェックし，交差していればそのことを報告して処理を終了する．

 5.4 6 へ行く．

6. A が空なら，交差はないことを報告して処理を終了する．さもなければ 3 へ進む． □

このアルゴリズムの振舞いを，図 3.2 の線分集合を例にとってみてみよう．この図では，5 本の線分 $l_1, l_2, \ldots, l_5$ の端点を x 座標の小さい順にソートし，番号を付け直して，$x_1, x_2, \ldots, x_{10}$ とした．

 ステップ 2 で B を空としたあと，ステップ 3 で s は x_1 まで動く．ここで s は直線 l_1 の左端点を通るから，ステップ 4 で l_1 が B に追加されて $B = (l_1)$ となる．

 次にステップ 3 で s は x_2 まで動く．ステップ 4 で $B = (l_1, l_2)$ となる．l_1 と l_2 が B において隣り合うから，ステップ 4.3 で l_1 と l_2 の交差をチェックする．交差しないので次へ進む．

 ステップ 3 へ戻り s が x_3 まで動き，$B = (l_3, l_1, l_2)$ となる．l_3 と l_1 が隣り合うので，それらの交差を調べる．やはり交差しないので次へ進む．

 ステップ 3 で，s が x_4 まで動き，l_1 が B から削除されて，$B = (l_3, l_2)$ となる．l_3 と l_2 が隣り合うから，それらの交差を調べるが，交差しないので次へ進む．

 以下同様に，s が線分の左端点にくればその線分を B に加え，右端点にくればその線分を B から削除する．そして，これらの変更に伴って，B 上で新たに隣り合う線分対に対して，交差しているかどうかを調べる．

 図 3.2 の場合には線分は交差していないので，すべての線分の端点が A から取り出されたところで，交差はないと報告して処理は終わる．ここで注意していただきたいのだが，l_1 と l_4，l_1 と l_5 は x 座標が重ならないので，B 上で同時に存在することはなく，したがって，交差チェックは行われない．また，l_2 と l_4 は x 座標が一部重なるが，B 上では隣り合うことはないので，やはり交差チェックは行われない．このように，いくつかの線分対に対して交差チェックを省略できるから，すべての線分対に対して交差をチェックする場合と比べて，効率の向上が

期待できる．

このアルゴリズムの時間複雑度を評価してみよう．ステップ3で A から x 座標の最も小さいものを取り出さなければならないから，ステップ1では線分の端点を x 座標の小さい順にソートしてから A に入れておくのがよい．そのためには $O(n \log n)$ の時間が必要である．ステップ2は定数時間でできる．ステップ3も定数時間でできる．

ステップ4.1では，線分 l がリスト B に加えられるが，そのとき，s との交点の y 座標の順に従って加えなければならない．これは少し面倒そうに見える．なぜなら，s が動いて今の位置まで来たのだから，線分と L との交点位置もそれ以前とは変わっており，すべてを計算し直さなければならないように見えるからである．しかし，すべてを計算する必要はない．なぜなら，s の1つ前の位置から今の位置まで動く間に交点の順序が入れ替わることはないからである．実際，B 上で隣り合っている線分は交差していないし，1つ前の s の位置から今の s の位置までの間に，線分の端点はない．だから，B 上の順序は保たれる．このことを利用すると，l を挿入すべき B 上の場所は，次の方法で求めることができる．

リスト B に対して2分探索を行う．すなわち，まずあらかじめ，s と l の交点の y 座標 y_0 を計算する．次に，B 上で順位が中央の線分を l' とする．B 上の線分数が偶数のときには中央は決まらないが，そのときは線分数の半分の順位のものを l' とする．l' と s の交点の y 座標 y' を求める．$y_0 < y'$ なら，探索範囲を B の先頭から l' までに限定する．$y_0 > y'$ なら，探索範囲を l' から B の最後尾までに限定する．このように探索範囲を半分に限定して，順位が中央のものを l と比べることを繰り返す．

l を挿入する場所を見つけるために必要な比較の回数を k とする．B の中の順位が中央のものと比較すると，探索範囲を半分に限定できる．だから，k 回の比較で，探索範囲は $1/2^k$ に減らすことができる．B に含まれる線分の数は n 以下だから，

$$\frac{n}{2^k} \leq 1 \tag{3.3}$$

を満たす最小の k が必要な比較回数の上限である．したがって $k = O(\log n)$ である．1回の比較は定数時間でできるから，アルゴリズム 3.1 のステップ 4.1 は $O(\log n)$ 時間で実行できる．ステップ 4.2, 4.3, 4.4, 5 は定数時間で実行できる．

A には最初に $2n$ 個の端点が含まれ，ステップ 3 を実行するたびに 1 ずつ減っていくから，ステップ 3, 4, 5, 6 が繰り返される回数は $O(n)$ 回である．したがって，アルゴリズム 3.1 は $O(n \log n)$ の時間で実行できる．素朴な方法の時間複雑度が $O(n^2)$ であることと比較すると，効率が大きく改善されていることがわかる．

3.2 線分の交点列挙

交差検出問題では，交差が検出されたところで処理を終えることができた．一方，すべての交差を検出する次の問題を解きたくなる場面もある．

問題 3.2（交点列挙問題） L に属す線分のうちで交差している線分の対をすべて見つけよ．

この問題は，アルゴリズム 3.1 を少し変更することによって解くことができる．変更点は次の 2 つである．

変更点 1 ステップ 4.2, 4.3, 5.3 において交差していることがわかったら，報告して終了する代わりに，交点を計算して，それを A に加える．

A は，走査線 s が止まる場所，言い換えると，s と線分の交点の状況が変化する場所，であった．この場所として検出された交点位置も加えるというのが上の変更である．

第 2 の変更点は，このようにして A に加えた変更点において，どのような変更を行うかを指定するものである．

変更点 2 ステップ 3 において，A から取り出した点 p が線分の端点ではなく，2 線分の交点である場合の処理を加える．

アルゴリズム 2 にこの 2 つの変更を加えて，交点を列挙するアルゴリズムを作ると次のようになる．

アルゴリズム 3.2（交点列挙）
入力：線分集合 $L = \{l_1, l_2, \ldots, l_n\}$
出力：すべての交点
手続き：
1. L に属す線分の端点を A に入れる.
2. リスト B を空にする.
3. A から x 座標が最小の点 p を取り出し，走査線 s を，p を通る位置まで動かす．p が線分の端点ならその線分を l とし，p が l の左端点なら 4 へ進み，右端点なら 5 へ進む．p が 2 つの線分の交点なら，それらの線分をリスト B に現れる順に l, l' とし，6 へ進む.
4. （p が l の左端点の場合）
    4.1 l をリスト B に加える.
    4.2 リスト B において，l の直前の線分があればそれを l_1 とする．l と l_1 が s より右に交点をもち，それが A に含まれていなければ，その交点を A に追加する.
    4.3 リスト B において，l の直後の線分があれば，それを l_2 とする．l と l_2 が s より右に交点をもち，それが A に含まれていなければ，その交点を A に追加する.
    4.4 7 へ進む.
5. （p が l の右端点の場合）
    5.1 リスト B において，l の直前の線分があれば，それを l_1 とする.
    5.2 l をリスト B から取り除く.
    5.3 l_1 と l_2 が共に存在すれば，それらの交差をチェックする．s より右に交点をもち，それが A に含まれていなければ，それを A に加える.
    5.4 7 へ進む.
6. （p が，l と l' の交点の場合）
[コメント：このとき，l と l' は B において隣り合う]
    6.1 l と l' が交点をもつことを報告する.
    6.2 B において，l と l' を入れ替える.
    6.3 B 上で l' の直前に線分があれば，l' とその線分との交差をチェックする．s より右に交点があり，それが A に含まれていなければ，その交点を

A に加える.

6.4　B 上で l' の直後に線分があれば，l' とその線分との交差をチェックする．s より右に交点をもち，それが A に含まれていなければ，その交点を A に加える.

6.5　7へ進む.

7.　A が空なら，処理を終了する．さもなければ3へ進む.　　　□

　交点検出のアルゴリズム 3.1 では，A は端点の x 座標をソートしたあとのリストを入れる 1 次元配列でよかった．一方，交点列挙のためのアルゴリズム 3.2 では，A は単純な配列では都合が悪い．なぜなら，処理の途中で見つかった交点を A に追加し，それらの点も含めて x 座標の小さい順に取り出す必要があるからである．この場面に適したデータ構造の 1 つはヒープである．ヒープとは，特殊な構造の 2 進木で，その頂点に 1 つずつデータ項目（今の場合は線分の端点と交点）を蓄えることができ，その値（今の場合は点の x 座標）が根から葉に向かって単調に増加するという性質をもったものである．そして，この構造に新しく 1 つの点を追加することも，この構造から値が最小の項目を取り出すことも，$O(\log n)$ で実行できる．ヒープの計算機メモリー上での実装方法については杉原[133]などを参照されたい．

　このアルゴリズムの計算量について見てみよう．n 本の線分の交点数は $O(n^2)$ になりうる．したがって，記憶場所 A には $O(n^2)$ の項目が入ることがありうる．だから，これらの項目を A に入れたり A から出したりする時間は全体で $O(n^2 \log n)$ である．これがアルゴリズム 3.2 の時間複雑度となる．

　この時間複雑度は，素朴な算法より劣る．すべての線分対に対して交差のチェックを行うという素朴な算法の時間複雑度は $O(n^2)$ であった．アルゴリズム 3.2 の時間複雑度は，それより大きい $O(n^2 \log n)$ であるから，優位性はなさそうに見えるかもしれない.

　しかし，そんなことはない．交点の数が $O(n^2)$ という最悪の場合には効率は悪いが，交点の数がもっと少ないときには，効率のよいアルゴリズムとなっている．このことは次のようにして確かめることができる.

　線分集合 L の中の 2 つの線分の交点の数が K であったとしよう．このときには，A に蓄えられる点の数の上限は $2n + K$ となる．したがってステップ 3 で

A から x 座標が最小のものを取り出す回数は $O(n+K)$ であり，ステップ 3～7 を繰り返す時間は $O((K+n)\log n)$ となる．これがアルゴリズム 3.2 で最も時間のかかる部分であるから，このアルゴリズムの時間複雑度は，K を使うと $O((K+n)\log n)$ と表すことができる．K が $O(n^2)$ のときには，この時間計算量は $O(n^2 \log n)$ となってしまうが，K がそれほど大きくない場面では効率よく動作する．すなわち，このアルゴリズムは，ほとんどすべての線分対が交差するという最悪の場合には素朴な算法に劣るが，交点数 K が少ない場面では効率のよいアルゴリズムとなっているわけである．

3.3 章末ノート

本章では，平面上に与えられた線分の交差判定問題や，交点列挙問題を統一的に解くことのできる平面走査法[17]を紹介した．これは，走査線で平面を掃くことによって，線分という幾何要素だけでなくそれらが横たわる平面のすき間の構造も同時に把握することによって，効率よく問題を解いているとみなすことができる．このように背景空間と共に対象をとらえるという考え方は，幾何問題に特有のものであり，早い時期から幾何アルゴリズムの設計に利用されていた[120]．平面走査法は幾何問題に特有のアルゴリズム設計原理の1つであるということができる．

n 本の線分に対して，本章で紹介した交点列挙法は，交点数が K のとき $O((K+n)\log n)$ 時間で実行できる．これはさらに $O(K+n\log n)$ 時間に短縮でき，それが時間複雑度に関して最適であることがわかっている[25]．さらに，この時間複雑度を保ったまま，空間複雑度の最適性も達成されている[14]．

平面走査法は，線分の交差検出・交点列挙以外にもいろいろな幾何問題を解くために利用されている．最近点を求める Shamos and Hoey の方法[120]，ボロノイ図を求める Fortune の方法[45]，一般化ボロノイ図を求める Dehne and Klein の方法[30]，ドロネー図を求める Zalik の方法[156]，図形の被覆問題に対する Franzblau の方法[48]，円の包含関係を求める Kim et al. の方法[82]，円ボロノイ図を求める Jin et al. の方法[74] などがその例である．走査線を直線とは限らない一般の変形可能な曲線に置き換えた場合の平面走査法の考え方を利用して，直線アレンジメントの要素列挙を効率よく行う方法も提案されている[8]．

4
ボロノイ図とドロネー図

　空間に配置された図形について各種の操作を施す際には，互いに接近した要素同士の操作を組み合わせて目的を達成することが多い．その意味で，互いに近いものを認識し，その関係を識別することが重要である．それを効率よく行うための基本的なデータ構造の1つは，ボロノイ図と呼ばれる図形である．これは，空間に複数の点が配置されたとき，どの点に最も近いかによって空間を分割した図形である．また，この図形の双対図形はドロネー図と呼ばれる．本章では，このボロノイ図とドロネー図の基本的性質と，計算幾何におけるその使い方を学ぶ．

4.1　ボロノイ図

4.1.1　ボロノイ図とその基本的性質

　2次元平面 $\mathbf{R}^2$ における2点 p, q に対して，そのユークリッド距離を $d(p, q)$ で表す．平面上に n 個の点の集合 $S = \{p_1, p_2, \ldots, p_n\}$ が与えられたとする．このとき，

$$R(S; p_i) = \bigcap_{p_j \in S \setminus \{p_i\}} \{p \in \mathbf{R}^2 \mid d(p, p_i) < d(p, p_j)\} \quad (4.1)$$

を p_i のボロノイ領域 (Voronoi region) という．これは，平面上の点 $p \in \mathbf{R}^2$ で，S の中で最も近い点が p_i であるという性質をもつものを集めてできる集合である．これは，S に属す各点 p_i が，他よりも自分に近い点の集合を囲い込んでできる領域で，いわば勢力圏とみなすこともできよう．

　平面全体は，$R(S; p_1), R(S; p_2), \ldots, R(S; p_n)$ とそれらの境界へ分割される．この分割図形を S に対するボロノイ図 (Voronoi diagram) という．ボロノイ図の例を図 4.1 に示した．図中の黒丸が S の要素で，実線が，ボロノイ領域の境界線である．ボロノイ (Voronoi) はこの図形を研究したロシアの数学者の名前である．

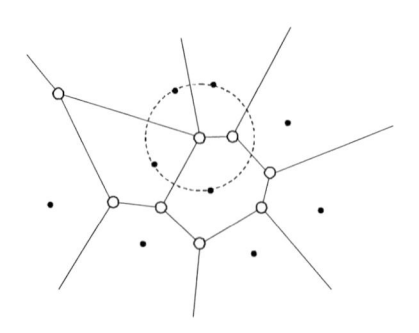

図4.1 ボロノイ図

ボロノイ図において，2つのボロノイ領域の共通の境界をボロノイ辺 (Voronoi edge) と呼び，3つ以上のボロノイ領域の共通の境界点をボロノイ点 (Voronoi point) と呼ぶ．図 4.1 では，ボロノイ点は白丸で示してある．S の要素は，このボロノイ図の生成元 (generator) または母点 (generating point) と呼ばれる．

ボロノイ図の定義から導かれる基本的な性質をまとめておこう．

式 (4.1) で定義したとおり，ボロノイ領域は平面を直線で分けてできる半平面の共通部分である．したがって次の性質が成り立つ．

性質 4.1 ボロノイ領域は凸である．

ボロノイ図は，どの母点に最も近いかによって平面を分割したものであるから，ボロノイ辺は両側の母点から等しい距離にある．したがって次の性質が成り立つ．

性質 4.2 ボロノイ辺は両側の母点を結ぶ線分の垂直二等分線の上にある．

ボロノイ点は回りの3つの母点から等しい距離にあり，他の母点はもっと遠くにあるから，次の性質が成り立つ．

性質 4.3 ボロノイ点はその点を領域境界にもつ3つの母点を通る円の中心である．そして，この円の内部に他の母点は含まれない．

通常は，ボロノイ点はちょうど3つのボロノイ領域の共通の境界点であるが，4

つ以上のボロノイ領域の境界点となることもある．そのようなボロノイ点を退化ボロノイ点 (degenerate Voronoi point) と呼ぼう．次の性質が成り立つ．

性質 4.4 退化ボロノイ点 q を共通の境界点にもつ母点を $p_1, p_2, \ldots, p_k$ $(k \geq 4)$ とする．このとき，$p_1, p_2, \ldots, p_k$ は同一円周上にある．

すべてのボロノイ点が一直線上に並ぶと，図 4.2 に示すように，ボロノイ辺は直線となる．これは特殊な母点の配置であり，一般には，ボロノイ辺は線分または半直線である．半直線となる場合は次のように特徴づけられる．

性質 4.5 ボロノイ辺は，両側の母点がともに母点集合 S の凸包の境界上にあるとき，半直線となり，そうでないときには線分となる．

この性質は，背理法によって次のように確認できる．図 4.3 に示すように，p_1 を S の凸包内部にある母点とし，p_1 ともう 1 つの母点 p_2 の領域を分けるボロノイ辺 e が無限にのびているとしよう．e と交差する S の凸包境界辺を l とし，l の端点を p_3, p_4 とする．図 4.3 に示すように，e と l の交点から e ののびる無限遠方と p_3 とを臨む角を α とする．e 上を動きながら，S からどんどん遠ざかっていく点 q を考える．このとき，q と S に属す点を結ぶ線分はすべて e に平行な状態に近づいていく．その結果，十分遠くにある q に対しては，$\alpha < \pi/2$ のときには，

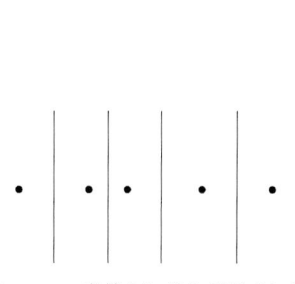

図 4.2 一直線上に並んだ母点に対するボロノイ図

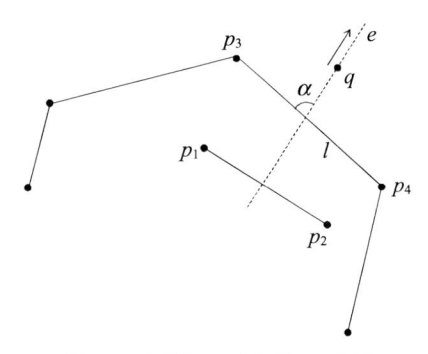

図 4.3 無限にのびるボロノイ辺

p_1 までの距離より p_3 までの距離の方が小さくなり，$\alpha \geq \pi/2$ のときには，p_1 までの距離より p_4 までの距離の方が小さくなる．これは e が無限にのびるという仮定に反する．したがって，e が無限にのびることはない．以上で性質 4.5 が確認できた．

4.1.2　ボロノイ図の複雑さ

次にボロノイ図の複雑さについてみてみよう．母点の数を n とする：$|S| = n$．S に対するボロノイ図のボロノイ辺の数を n_e，ボロノイ点の数を n_v とする．また，無限にのびるボロノイ領域の数を n_1，有界なボロノイ領域の数を n_2 とする．ボロノイ領域の数と母点の数は一致するから $n = n_1 + n_2$ である．また，無限にのびるボロノイ辺の数は n_1 に一致する．

ここで，図 4.4 に示すように，S を囲む十分大きな閉曲線を考え，無限にのびるボロノイ辺は，この閉曲線上に端点をもつものとみなそう．これは，ボロノイ辺やボロノイ点の数を見つけやすくするための便法である．無限にのびるボロノイ辺は n_1 本あるから，この閉曲線上には n_1 個の端点ができ，閉曲線自体も n_1 本の曲線分に分けられる．図 4.4 のように閉曲線も加えた図形を閉じたボロノイ図 (closed Voronoi diagram) と呼ぶことにしよう．そして，ボロノイ点および閉曲線上に設けた端点を頂点 (vertex) と呼び，ボロノイ辺および閉曲線が分割されてできる曲線分を辺 (edge) と呼ぶことにする．

閉じたボロノイ図においては，各辺は端点を 2 つもち，各頂点は 3 本以上の辺と接続する．したがって

$$2(n_e + n_1) \geq 3(n_v + n_1) \tag{4.2}$$

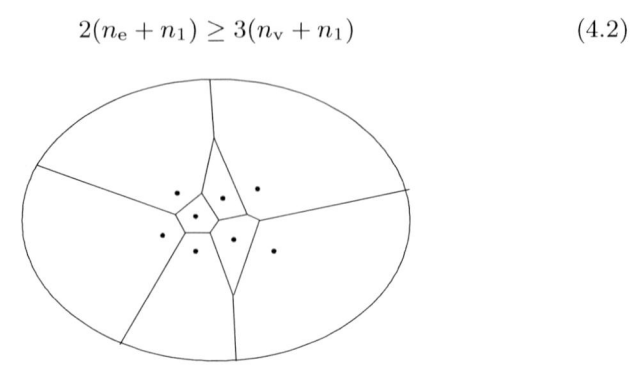

図 4.4　ボロノイ図を囲む閉曲線

が成り立つ．とくに，どのボロノイ点も退化していなければ，式 (4.2) は等号で成り立つ．

一方，平面上に描かれた連結な図形においては，頂点の数，辺の数，面の数を V, E, F とすると，オイラーの公式

$$V - E + F = 2 \tag{4.3}$$

が成り立つ[134]．閉じたボロノイ図では $V = n_v + n_1, E = n_e + n_1$ である．また，ボロノイ領域に加えて閉曲線の外側にももう 1 つ面ができるから $F = n + 1$ である．これらを式 (4.3) に代入して

$$(n_v + n_1) - (n_e + n_1) + (n + 1) = 2 \tag{4.4}$$

である．式 (4.4) より $n_v = n_e - n + 1$ であり，これを式 (4.2) に代入して

$$n_e \leq 3n - n_1 - 3 \tag{4.5}$$

を得る．

一方，式 (4.4) より $n_e = n_v + n - 1$ であるから，これを式 (4.2) に代入して

$$n_v \leq 2n - n_1 - 2 \tag{4.6}$$

を得る．

以上を性質の形にまとめておこう．

性質 4.6 n 個の母点に対するボロノイ図のボロノイ辺の数 n_e とボロノイ点の数 n_v は，式 (4.5)，(4.6) を満たす．

閉じたボロノイ図には $n + 1$ 個の面が含まれる．一方，それぞれの辺は両側の面の境界に貢献する．したがって，すべての面の角数の合計は $2(n_e + n_1)$ である．1 つの面当りの平均の角数を f とすると，$f = 2(n_e + n_1)/(n + 1)$ であるが，式 (4.5) より $f \leq 2(3n - n_1 - 3 + n_1)/n + 1 < 6$ となる．すなわち次の性質が得られる．

性質 4.7 ボロノイ領域をなす多角形の平均角数はほぼ 6（6 よりわずかに少ない）である．

式 (4.5), (4.6) より，ボロノイ辺の数は母点の 3 倍以下，ボロノイ点の数は母点の 2 倍以下であることがわかる．したがって，母点数を n とすると，ボロノイ辺の数もボロノイ点の数も $O(n)$ である．このように，ボロノイ図の構造は n に比例する複雑さしかもたない．このことは，平面上のボロノイ図の顕著な性質である．この性質のゆえに，本書でこれから順に見ていくように，ボロノイ図は種々の幾何計算を効率よく行うために利用できる．

4.2　ボロノイ図の基本計算法

4.2.1　平面アレンジメントとボロノイ図

ボロノイ図の計算法を考えるにあたって，まず最初にディジタル画像の形式で近似的にボロノイ図を求める簡便な方法を紹介する．

母点 p_i の座標を (x_i, y_i) とする．点 (x, y) が p_i から距離 z の位置にあるとすると

$$z = \sqrt{(x-x_i)^2 + (y-y_i)^2} \tag{4.7}$$

が成り立つ．xyz 直交座標系の固定された空間で考えると，この式は，xy 平面上の点 p_i を頂点とし，z 軸に平行な軸をもつ円錐面である．この式の右辺の符号を反転させた式

$$z = -\sqrt{(x-x_i)^2 + (y-y_i)^2} \tag{4.8}$$

は，z 軸負方向へのびた円錐面となる．そこで，図 4.5 に示すように，xy 平面に配置されたすべての母点に対して，このように z 軸負方向へのびる円錐を考える．図では，見やすいように，円錐は有限の高さをもつものとして描いてあるが，こ

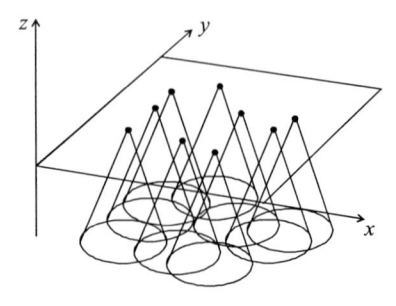

図 4.5　母点を頂点とする円錐の林

れらの円錐は z 軸負の方向へ無限にのびているものとする．

この円錐の林を上から見下ろしたとしよう．2つの円錐がぶつかって互いに相手の内部へ食い込むところは，対応する頂点から等しい距離にある．したがって，2つの円錐の側面の交線（これは3次元空間では放物線であるが）を xy 平面へ垂直に投影してできる線は，これら2つの円錐の頂点を結ぶ線分の垂直二等分線である．すなわち，2つの頂点を母点とするボロノイ領域の共通の境界となる．この性質から，ボロノイ図を近似的に計算する次の方法が得られる．

上のようにして作った円錐に互いに異なる色を塗る．そして上から見下ろして見える円錐面を，xy 平面へ垂直に投影する．その結果，平面は，対応する円錐の色に塗られた領域へ分割される．これがすなわち，ボロノイ図となる．円錐とその色をコンピュータの中で定義し，これを z 軸正方向の無限遠方から見下ろしたと想定してコンピュータグラフィクスの隠面消去処理を施すことによって，このボロノイ図がディジタル画像の形式で近似的に得られる．隠面消去は，コンピュータグラフィクス分野では基本的な技術として確立されており，そのためのハードウェアも用意されている[136]．これを利用すれば，ボロノイ図を高速に計算できる．

以上が，隠面消去処理を利用したボロノイ図の近似計算法の基本アイデアである．このアイデアは，次に示すように，もっと簡単な計算に帰着できる．

点 (x, y) が母点 p_j より母点 p_i に近いときには，式 (4.8) で表される円錐面が p_j に対する同様の面より上にある．すなわち

$$-\sqrt{(x-x_i)^2 + (y-y_i)^2} > -\sqrt{(x-x_j)^2 + (y-y_j)^2} \tag{4.9}$$

である．この式の両辺を2乗すると，不等号の向きが反転し，さらに x^2 と y^2 の項が打ち消されて

$$2x_i x - x_i{}^2 + 2y_i y - y_i{}^2 > 2x_j x - x_j{}^2 + 2y_j y - y_j{}^2 \tag{4.10}$$

が得られる．

そこで，母点 p_i, $i = 1, 2, \ldots, n$, に対して

$$z = 2x_i x - x_i{}^2 + 2y_i y - y_i{}^2 \tag{4.11}$$

で表される平面を考える．すると，式 (4.10) より，点 (x, y) が p_j より p_i に近いときには，p_i に対応する式 (4.11) の平面の方が，p_j に対応する同様の平面より上にあることがわかる．したがって，次の性質が得られる．

性質 4.8 n 個の母点 $p_1, p_2, \ldots, p_n$ に対して式 (4.11) で表される n 枚の平面のアレンジメントを z 軸正方向の無限遠方から見下ろしたとき見える部分を集めて xy 平面へ垂直に投影した図形が，これらの母点に対するボロノイ図となる．

性質 4.8 で表された状況を，図 4.6 に示した．ただし，この図では，すべての母点が x 軸上に並んでおり，それを y 軸に平行な方向から見たところを表してある．ここでは，4 個の母点 p_1, p_2, p_3, p_4 に対する 4 枚の平面が 4 本の斜めの線で表され，太線で示した部分が上から見下ろしたとき見える部分である．これらの太線を x 軸へ垂直に投影したものがボロノイ図である．

したがって，円錐の林の代わりに，平面のアレンジメントに対して隠面消去を行うだけでボロノイ図が得られる．

コンピュータグラフィクスにおける隠面消去処理の結果は，ディジタル画像の形式で得られる．その結果，本来は連結であるべきボロノイ領域が，2 個以上の連結成分に分かれてしまうことがある．そのような状況の例を図 4.7 に示した．3 個の母点 p_1, p_2, p_3 がこのように配置されたとき，真のボロノイ図は，実線のようになる．一方，画素の中心がどのボロノイ領域に属すかに従って画素を母点に割り当てると，母点 p_2 に割り当てられる画素は，図のアミ領域で示したとおりとなる．これが，p_2 のボロノイ領域のディジタル画像近似であるが，ここに示したとおり 1 つの画素が他から離れた飛び地となっており，非連結な領域になってしまっている．

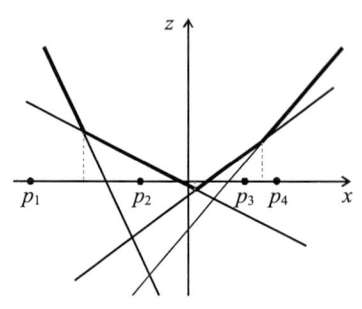

図 4.6 平面アレンジメントとボロノイ図

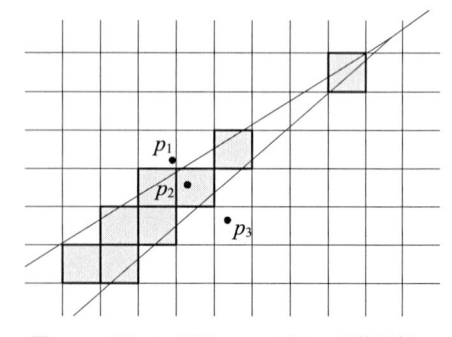

図 4.7 ボロノイ図のディジタル画像近似に現れる飛び地

このような非連結な領域は，ボロノイ図を構造的に乱すものであり好ましくはないが，応用場面によっては許される．たとえば，コンビニエンスストアが，他より近い住民を顧客として確保できていると仮定したとき，顧客数を調べたいという場面では，地図の中のコンビニエンスストアの位置を母点とするボロノイ図を作ってその面積を計算したい．そのときには，各ボロノイ領域に属する画素の数を数えればよいから，少々の非連結領域が現れていても構わないであろう．

4.2.2 ボロノイ点の計算法

ボロノイ図を，ディジタル画像近似ではなくて，ボロノイ点，ボロノイ辺，ボロノイ領域の接続構造の形で計算する方法を考えたい．そのための準備として，まず，3個の母点の作るボロノイ点の計算法を考える．$i = 1, 2, \ldots, n$ に対して，母点 p_i の座標を (x_i, y_i) とする．3個の母点 p_i, p_j, p_k と1個の点 $p = (x, y)$ に対して関数 $G(p_i, p_j, p_k, p)$ を

$$G(p_i, p_j, p_k, p) = \begin{vmatrix} 1 & x_i & y_i & x_i^2 + y_i^2 \\ 1 & x_j & y_j & x_j^2 + y_j^2 \\ 1 & x_k & y_k & x_k^2 + y_k^2 \\ 1 & x & y & x^2 + y^2 \end{vmatrix} \tag{4.12}$$

で定義する．

このとき

$$G(p_i, p_j, p_k, p) = 0 \tag{4.13}$$

は，p_i, p_j, p_k を通る円を表す．このことは次のようにして理解できる．まず式 (4.12) の p に p_i を代入してみよう．すると右辺の行列では第1行と第4行が等しくなるから，行列式は0となる．したがって，式 (4.13) で表される曲線は p_i を通る．同じように，この曲線は p_j と p_k も通る．一方，式 (4.13) で表される曲線は円を表す．なぜなら，$G(p_i, p_j, p_k, p)$ は x と y に関する2次関数で，x^2 と y^2 の係数が等しく，xy の項をもたないからである．以上の議論から，式 (4.13) は p_i, p_j, p_k を通る円を表す．

次に，この円の中心の座標を求めてみよう．まず，A, B, C, D を次のように定義する：

$$A = \begin{vmatrix} 1 & x_i & y_i \\ 1 & x_j & y_j \\ 1 & x_k & y_k \end{vmatrix}, \tag{4.14}$$

$$B = \begin{vmatrix} 1 & y_i & x_i{}^2 + y_i{}^2 \\ 1 & y_j & x_j{}^2 + y_j{}^2 \\ 1 & y_k & x_k{}^2 + y_k{}^2 \end{vmatrix}, \tag{4.15}$$

$$C = \begin{vmatrix} 1 & x_i & x_i{}^2 + y_i{}^2 \\ 1 & x_j & x_j{}^2 + y_j{}^2 \\ 1 & x_k & x_k{}^2 + y_k{}^2 \end{vmatrix}, \tag{4.16}$$

$$D = \begin{vmatrix} x_i & y_i & x_i{}^2 + y_i{}^2 \\ x_j & y_j & x_j{}^2 + y_j{}^2 \\ x_k & y_k & x_k{}^2 + y_k{}^2 \end{vmatrix}. \tag{4.17}$$

このとき,式 (4.12) は次のように変形できる:

$$\begin{aligned} G(p_i, p_j, p_k, p) &= A(x^2 + y^2) + Bx - Cy - D \\ &= A\left\{\left(x + \frac{B}{2A}\right)^2 + \left(y - \frac{C}{2A}\right)^2 - \left(D + \frac{B^2}{4A^2} + \frac{C^2}{4A^2}\right)\right\}. \end{aligned} \tag{4.18}$$

これより $G(p_i, p_j, p_k, p) = 0$ が表す円の中心は,

$$\left(\frac{-B}{2A}, \frac{C}{2A}\right) \tag{4.19}$$

であることがわかる.これが,母点 p_i, p_j, p_k のボロノイ領域が作るボロノイ点の座標である.

ところで式 (4.12) は次のようにも変形できる:

$$G(p_i, p_j, p_k, p) = \begin{vmatrix} 1 & x_i & y_i & x_i{}^2 + y_i{}^2 \\ 0 & x_j - x_i & y_j - y_i & x_j{}^2 - x_i{}^2 + y_j{}^2 - y_i{}^2 \\ 0 & x_k - x_i & y_k - y_i & x_k{}^2 - x_i{}^2 + y_k{}^2 - y_i{}^2 \\ 0 & x - x_i & y - y_i & x^2 - x_i{}^2 + y^2 - y_i{}^2 \end{vmatrix}$$

$$= \begin{vmatrix} 1 & x_i & y_i & x_i^2 + y_i^2 \\ 0 & x_j - x_i & y_j - y_i & (x_j - x_i)^2 + (y_j - y_i)^2 \\ 0 & x_k - x_i & y_k - y_i & (x_k - x_i)^2 + (y_k - y_i)^2 \\ 0 & x - x_i & y - y_i & (x - x_i)^2 + (y - y_i)^2 \end{vmatrix}. \quad (4.20)$$

上の変形の第 1 の等号は,式 (4.12) の右辺の行列において,第 2 行,第 3 行,第 4 行から第 1 行を引くことによって得られる.第 2 の等号は,さらに第 2 列の $2x_i$ 倍と第 3 列の $2y_i$ 倍を第 4 列から引くことによって得られる.

ここで

$$A' = \begin{vmatrix} x_j - x_i & y_j - y_i \\ x_k - x_i & y_k - y_i \end{vmatrix}, \quad (4.21)$$

$$B' = \begin{vmatrix} y_j - y_i & (x_j - x_i)^2 + (y_j - y_i)^2 \\ y_k - y_i & (x_k - x_i)^2 + (y_k - y_i)^2 \end{vmatrix}, \quad (4.22)$$

$$C' = \begin{vmatrix} x_j - x_i & (x_j - x_i)^2 + (y_j - y_i)^2 \\ x_k - x_i & (x_k - x_i)^2 + (y_k - y_i)^2 \end{vmatrix}, \quad (4.23)$$

$$X = x - x_i, \quad Y = y - y_i \quad (4.24)$$

とおくと,式 (4.20) はさらに

$$G(p_i, p_j, p_k, p) = A'(X^2 + Y^2) + B'x - C'y + [\text{定数項}]$$
$$= A' \left\{ \left(X + \frac{B'}{2A'} \right)^2 + \left(Y - \frac{C'}{2A'} \right)^2 + [\text{定数項}] \right\} \quad (4.25)$$

と変形できる.したがって,円の中心の座標は,XY 座標系で

$$\left(-\frac{B'}{2A'}, \frac{C'}{2A'} \right) \quad (4.26)$$

となり,元の xy 座標系へ戻すと

$$\left(-\frac{B'}{2A'} + x_i, \frac{C'}{2A'} + y_i \right) \quad (4.27)$$

となる.これは,(x_i, y_i) が原点となるように座標系を平行移動させてから円の中心を計算し,最後に元の座標系へ戻す計算法となっている.p_i, p_j, p_k が互いに接近している(これら 3 個の母点がボロノイ点を作る場合は,通常はそうなってい

る）が，原点からは遠くにあるという場合は，式 (4.19) では，桁落ちの心配があるが，式 (4.27) ではその心配が少ない[144]．したがって，式 (4.19) より式 (4.27) に従った方が，数値誤差の影響を受けにくいと期待できる．

4.2.3 ボロノイ図の逐次添加構成法

ボロノイ図を構成するためのアルゴリズムにはいくつかのものがある．代表的なものは，分割統治法を利用したもの[111]，平面走査法を利用したもの[45]，3次元凸包構成法を利用したもの[22] などである．これらはいずれも最悪の場合の計算時間を $O(n \log n)$ に抑えることができるもので，標準的な教科書には，これらのいずれかが解説してある．

しかし，実用性を重視するという本書の趣旨から，ここでは，逐次添加構成法[102, 144] を紹介する．この方法は，最悪の場合の計算量は $O(n^2)$ であって上の諸手法に劣るが，一般の母点分布に対する平均の計算量を $O(n)$ に抑えることができ，さらに実装が容易であるという意味で非常に実用的なものである．

逐次添加構成法では，小数の母点に対するボロノイ図から出発して，母点を1個ずつ添加しながら，ボロノイ図を更新していく．母点を1つ添加したときの更新の様子を図 4.8 に示した．この図の (a) に黒丸で示した母点に対するボロノイ図が実線のように得られているときに，2重丸で示した位置に新しい母点を添加したとしよう．まず，ボロノイ点のうち，古い母点より新しい母点の方が近いものをすべて見つける．この例では，白丸で示したボロノイ点が見つかる．次に，これらの白丸のボロノイ点を境界上にもつ母点と新しい母点との間の垂直二等分線によって，古いボロノイ領域を2つに分ける．このとき，垂直二等分線は，白

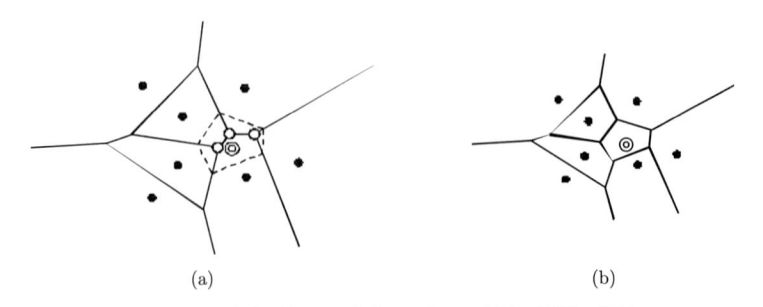

図 4.8 母点を添加したときのボロノイ図の更新の様子

丸のボロノイ点とそれ以外のボロノイ点をつなぐボロノイ辺の途中を通過する．したがって，2つに分けた領域のうち新しい母点に近い方を集めると，1つの凸多角形となり，これが新しい母点のボロノイ領域となる．そこで最後に，この内部のボロノイ点とボロノイ辺を除くと，図 4.8(b) に示すように，ボロノイ図の更新作業が完成する．

この更新作業をもう少し詳しく見ていこう．まず，ボロノイ点のうちで古い母点より新しい母点に近いものを見つける方法を考える．「母点 p_i, p_j, p_k を通る円の内部に点 p_l が入る」という述語を incircle(p_i, p_j, p_k, p_l) で表すことにしよう．点 p_i, p_j, p_k を通る円の方程式は $G(p_i, p_j, p_k, p) = 0$ で表されたから，この式の左辺に $p = p_l$ を代入してその符号を調べることによって，述語の真偽を判定できる．今までどおり xy 座標系は反時計回りのものを採用するとしよう．また，p_i, p_j, p_k は必要なら順序を入れ替えて，この順に反時計回りに円周上に並ぶものとする．このときには次の性質が成り立つ．

性質 4.9 incircle(p_i, p_j, p_k, p_l) = true と $G(p_i, p_j, p_k, p_l) < 0$ とは等価である．

この性質は，$G(p_i, p_j, p_k, p_l) = 0$ が p_i, p_j, p_k を通る円を表すこと，したがって p がこの円周を通過するとき $G(p_i, p_j, p_k, p_l)$ の符号が反転すること，具体的に $p_i = (1, 0)$, $p_j = (0, 1)$, $p_k = (-1, 0)$, $p_l = (0, 0)$（このとき p_l は円の内部に入る）を代入すると $G(p_i, p_j, p_k, p_l) < 0$ となることから確認できる．

母点 p_i, p_j, p_k が作るボロノイ点を q_{ijk} で表すことにしよう．性質 4.9 に基づいて母点 p_i, p_j, p_k を通る円の内部に新しい母点が含まれるか否かを判定できる．内部に含まれるときは，ボロノイ点 q_{ijk} は新しい母点に最も近く，したがってボロノイ図の更新において取り除かれる．図 4.8(a) に白丸で示したのが，そのようなボロノイ点である．これらのボロノイ点に関しては次の性質が成り立つ．

性質 4.10 母点集合 S に対する閉じたボロノイ図（無限にのびるボロノイ辺を図 4.4 に示すように，十分大きな閉曲線につないだもの）を D とする．新しい母点 p を添加したとき，取り除かれるべきボロノイ点とそれらをつなぐボロノイ辺からなるグラフは，木（すなわちサイクルをもたない連結なグラフ）である．

この性質は次のようにして確認できる．第一に，このグラフはサイクルをもたない．なぜなら，もしサイクルをもったら，このグラフが取り除かれるとき，サイクルで囲まれたボロノイ領域が除かれるから，更新後のボロノイ図においては領域をもたない母点があることになってしまうからである．第二に，このグラフは連結でなければならない．なぜなら，もし非連結なら，更新後のボロノイ図において新しい母点のボロノイ領域が2つ以上の連結成分に分かれてしまうからである．

性質 4.10 からわかるように，ボロノイ図の更新作業において取り除かれるボロノイ点は，ボロノイ辺でつながっている．したがって，取り除くべきボロノイ点を1つでも見つけることができれば，そのようなボロノイ点の隣りを調べることを繰り返すだけで，取り除くべきすべてのボロノイ点を芋づる式に見つけることができる．そして，性質 4.8 から，取り除くべきボロノイ点の数は平均 4 個程度である．なぜなら，ボロノイ点に接続する辺は通常 3 本あり，そのようなボロノイ点が k 個集まってできる木から外へのびるボロノイ辺の数は $k+2$ 本あるからである．だから，平均的に定数時間で除くべきボロノイ点の集合を見つけることができる．

では，除くべきボロノイ点の最初の 1 つは，どのようにして見つけたらよいであろうか．D のボロノイ点を端から順に調べたのでは，母点数に比例する時間がかかってしまう．もっと効率よく見つけるためには，「バケット」という考え方を用いるのがよい．その方法を次に示そう．

添加すべきすべての母点を含む正方形の領域を考える．そして図 4.9 に示すように，この領域を，4 分の 1 の大きさの正方形に分割する．そして，それぞれをさらに 4 分の 1 の大きさの正方形に 4 分割する．同様の 4 分割を再帰的に繰り

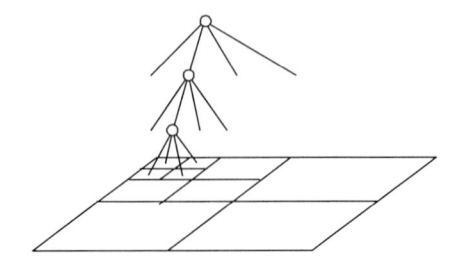

図 4.9 すべての母点を含む正方形領域の再帰的 4 分割で作られる階層的バケット構造

返す．4分割を繰り返す回数の目安は，最終的な小正方形の数を母点の数と同じくらいにすることである．すなわち，k 回の分割をすると小正方形の数は 4^k 個となるから，これが母点数 n 程度になるように決める．このとき n は 4^k 程度であるから $k = O(\log n)$ である．最終的に得られる最も小さい正方形をバケット (bucket) と呼ぶ．

この4分割の手順を4分木で表す．この4分木の根は，最初の正方形に対応させる．そして，図4.9に示すように，正方形を4分割するたびに，対応する頂点から4つの辺を下にのばしその先の4つの頂点を，分割された小正方形の1つずつに対応させる．したがって，根から k 本の辺を下へたどると，最小の正方形（すなわちバケット）にたどりつく．

この4分木の各頂点に1つずつ母点番号を格納する場所を用意する．この格納場所は最初は空である．最初の1個の母点を添加したとき，この母点が属すバケットから4分木の根へ向かって辺をたどり，そのとき通過するすべての頂点にこの母点番号を格納する．そのあとは，新しい母点を添加するたびに，それが属すバケットから4分木を上へたどり，格納場所が空である限り，その母点番号を格納していく．

逐次添加法の途中で，母点 p_i が添加されたとしよう．そのとき，まず p_i が属すバケットを見つける．次にそのバケットから4分木を根へ向かってたどり，途中の頂点が空である限り p_i を格納する．いずれ空でない頂点に出会うが，そこに格納されている母点が p_j であったとしよう．p_j から出発して，それと領域が隣り合う母点の中で p_i からの距離がもっと小さいものがあれば，その中で距離が最小のものを見つけて，それを改めて p_j と名づける．これを繰り返し，すべての隣りの母点より p_j の方が p_i までの距離が小さくなったところでやめる．このときの p_j は，すべての母点の中で p_i に最も近い．そこで，p_j のボロノイ領域の境界上のボロノイ点の中で p_i に最も近いものを見つける．これを q としよう．q は，すべてのボロノイ点の中で p_i に最も近い．そして，この q は，p_i のボロノイ領域に含まれる．つまり図4.8(a) に示した白丸のボロノイ点の1つとなる．そこで，このボロノイ点を出発点として，取り除くべきボロノイ点を探索することができる．

この方法で，新しい母点 p_i に最も近い母点へ早くたどりつけると期待できるが，その理由は次のとおりである．4分木の各頂点は，正方形領域を4分割して

いく途中の1つの正方形に対応している．実際，根は全体の正方形に対応し，この4分木を下へ降りるほど，対応する正方形は小さくなっていく．新しい母点を追加したとき，そこから上へ4分木をたどり空の頂点にその母点を格納した．これは，すなわち，それぞれの頂点に格納された母点は，その頂点に対応する四角形の中で最初に追加された母点を表している．したがって，新しい母点から4分木を上へたどる途中で頂点が空の間は，それに対応する正方形内には古い母点は1つも存在していないことを意味し，初めての空でない頂点に格納されている母点が，その頂点に対応する正方形まで正方形を広げていったとき，初めてその中に含まれる母点があることを意味している．だから，その母点は新しい母点に非常に近いものであることが期待できるわけである．

この方法で，新しく追加された母点に最も近い母点と最も近いボロノイ点にすばやくたどり着くことができ，さらに取り除くべきボロノイ点はそこから連続して見つかり，しかもその数が平均数個程度であるために，1つの母点を追加したときのボロノイ図の更新作業は平均的に定数時間で実行できる．その結果，n 個の母点に対するボロノイ図を平均的に $O(n)$ の時間で構成できると期待できるわけである．

4.3 ボロノイ図のロバストな計算法

4.3.1 厳密計算法

前節でボロノイ図を構成するための逐次追加法について述べたが，次にここでは，これを有限の精度の計算で実行しても安定に動作するロバスト性を確保する方法について考える．ロバスト化の第一の方針は，2章で紹介した整数帰着法を利用することである．まず，これを見てみよう．

母点の x, y 座標が

$$-L \leq x_i, y_i \leq L, \quad i = 1, 2, \ldots, n, \tag{4.28}$$

を満たす整数で与えられたものとする．ボロノイ図の構造は，述語 incircle の値によって決定できる．したがって，これが正しく判定できればよい．この判定は，$G(p_i, p_j, p_k, p_l)$ の符号で行うことができた．

式 (4.12) の右辺の行列において，第1列ベクトルの大きさは2，第2，第3列

ベクトルの大きさは $\sqrt{4L^2} = 2L$ 以下，第 4 列ベクトルの大きさは $2\sqrt{2}L^2$ 以下である．したがってアダマールの不等式より

$$|G(p_i, p_j, p_k, p_l)| \leq 2 \cdot 2L \cdot 2L \cdot 2\sqrt{2}L^2 = 2^4\sqrt{2}L^4 \tag{4.29}$$

を得る．したがって $2^4\sqrt{2}L^4$ の絶対値をもつ整数がオーバーフローしないだけのビット長を使って $G(p_i, p_j, p_k, p_l)$ の値を計算すれば，その値も符号も正しく判定できる．

さらに，この考え方の上に立って，記号摂動法，浮動小数点加速なども適用でき，ロバストな計算法を作ることができる．

4.3.2 ボロノイ図の位相優先構成法

凸包を構成するために必要な述語 leftturn と比べて，ボロノイ図を構成するための述語 incircle は，その真理値を求めるための計算が複雑で，整数帰納法を適用すると，より長いビット長の整数計算が必要となる．この困難を回避し，単精度の浮動小数点表示で計算を実行しても正常に動作するロバストな計算法を構成することもできる．次にこれを示そう．

ここでは，母点の x, y 座標は，通常の浮動小数点表示で与えられるとする．そして，述語 incircle の値を判断するための $G(p_i, p_j, p_k, p_l)$ の計算も浮動小数点で行うものとする．浮動小数点表示による計算では誤差が発生するので，述語 incircle の値がいつも正しく判定できるとは限らない．だから，単純に逐次添加構成の手続きを施しても，正常に動作するとは限らない．たとえば，古い母点のボロノイ領域が完全になくなってしまったり，新しい母点のボロノイ領域が非連結になったりしてしまうかもしれないし，そのような状況を想定していないプログラムでは，処理が途中で行き詰まって異常終了する可能性も高い．

このような場面では，数値計算の結果を信じることができないので，incircle の値に頼ることはやめて，代わりに性質 4.10 に着目する．ボロノイ図は，その位相的構造に着目すると，平面に埋め込まれたグラフとみなすことができる．そして，母点を添加したときのボロノイ図の更新作業は，このグラフの更新作業とみなすことができる．このようにみなすと，性質 4.10 は，このグラフの更新作業の際に満たすべき条件を述べたものとみなせる．すなわち，更新作業において取り除くべき部分構造は，木でなければならない．そこで，この性質を満たすことを最優

先し，これに反しない場合にだけ，数値計算結果を採用するという方針をとる．

この方針で作られるアルゴリズムの骨子は次のとおりである．

アルゴリズム 4.1（ボロノイ図の更新作業の骨子）

入力：母点集合 $S_{l-1} = \{p_1, p_2, \ldots, p_{l-1}\}$ に対するボロノイ図 D_{l-1} と，新しい母点 p_l

出力：$S_l = S_{l-1} \cup \{p_l\}$ に対するボロノイ図 D_l

手続き：

1. 新しい母点 p_l に最も近いボロノイ点を見つけ，その1点からなる点集合を T とおく．

2. T に含まれないが，ボロノイ辺で T につながっていてかつ次の (a), (b) を満たすボロノイ点 q_{ijk} がある限り，それを T に加える．
   (a) $T \cup q_{ijk}$ から導出される D_{l-1} の部分グラフはサイクルを含まない．
   (b) incircle(p_i, p_j, p_k, p_l) = true である．

3. T に属すボロノイ点と T に属さないボロノイ点をつなぐボロノイ辺上に1つずつ新しい頂点を生成し，それらの新しい頂点を順につないで，サイクルを作る．そして，このサイクルの内部に含まれる部分グラフを削除し，得られる面を p_l のボロノイ領域とみなす． □

この手続きに従えば，ボロノイ図の更新作業は，性質 4.10 を満たすことを保証しながら実行される．なぜなら，まずステップ 1 でいずれかのボロノイ点が 1 つ選ばれ，ステップ 2 では木であるという性質を満たしながら枝をのばしていくから，ステップ 2 が終了した時点では，T から導出される部分グラフは非空な木となるからである．したがって，この手続きは必ず正常に終了する．数値誤差のために incircle の値はいつも正しいとは限らないが，万一正しくなくても，少なくともグラフ構造の操作としては矛盾なく実行できる．これが，位相構造の一貫性を最優先することによってロバスト性を確保しようとするアルゴリズム設計法の例である．このアイデアでロバストなソフトウェアを設計する技法は，**位相優先法** (topology-oriented method) と呼ばれている[130, 144]．

位相優先法で作ったボロノイ図構成ソフトウェアの振舞いの例を図 4.10 に示す．同図の (a) はランダムに配置した 20 個の母点に対する計算結果である．この程度の小規模なボロノイ図に対しては，誤差対策を施さないソフトウェアでも同

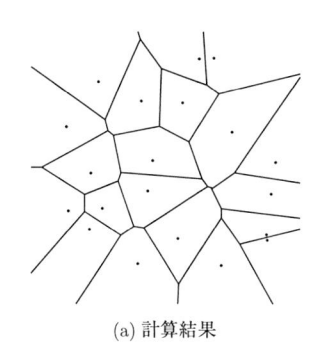

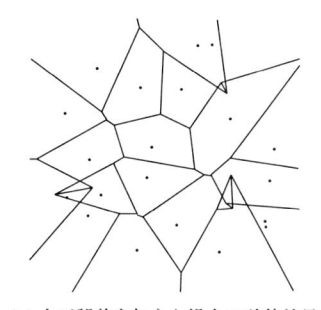

4.3 ボロノイ図のロバストな計算法　　71

(a) 計算結果　　(b) 人工誤差を加えた場合の計算結果

図 4.10　ボロノイ図の位相優先法の振舞い

様の結果が得られるであろう．しかし，このソフトウェアは途中でどんなに大きな数値誤差が発生しても破綻しないことが保証されている．このことを確かめるために，すべての浮動小数点計算に乱数を使って人工的な誤差を入れてみた．すると，計算結果は (b) のように変わった．この図では辺が交差しており，正しいボロノイ図にはなっていない．これは誤差のために述語 incircle の真理値がときどき誤って判定されたためである．

　しかし，判定を誤っているにもかかわらず，計算結果が得られていることに注目してほしい．通常のソフトウェアでは，判定を誤ると無限ループに陥ったり異常終了したりして，処理が破綻することが多い．それに対して，このソフトウェアは，内部で矛盾が発生することなく最後まで処理が進んで，計算結果が出力される．そして，その計算結果は，「頂点と辺からなる構造は平面グラフであり，辺が交差しないように平面に描くと，領域の数は母点の数と一致する」という性質を満たすという意味で位相的につじつまが合っている．

　図 4.10 では，人工的な誤差を入れたが，もっと現実に近い状況での位相優先法の振舞いを図 4.11 に示した．この図の (a) は，母点を同一円周上に配置した場合の計算結果である．4 個以上の母点が同一円周上に並ぶと，述語 incircle の値の判定が難しくなり計算が不安定になりやすい．しかし，このソフトウェアでは安定して計算ができている．ただし，厳密に正しいボロノイ図ができているわけではなくて，中央付近を拡大してみると，同図 (b) に示すようなミクロな乱れがあることがわかる．この乱れは，ランダムな配置の母点に対して，人工的な誤差を入れた場合の乱れに似ている．このように位相優先法では，どれほど過酷な数値誤

72   4. ボロノイ図とドロネー図

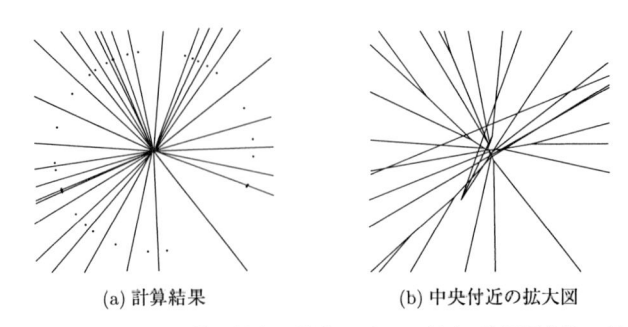

(a) 計算結果   (b) 中央付近の拡大図

図 4.11　同一円周上に並ぶ母点に対するボロノイ図の位相優先法の振舞い

差が発生しても安定して計算が終了し，計算精度に応じたボロノイ図の近似図形が出力される．

4.4　ドロネー図

4.4.1　ドロネー図の基本的性質

点集合 $S = \{p_1, p_2, \ldots, p_n\}$ に対するボロノイ図から，もう 1 つの図形を作ることができる．それは，互いにボロノイ領域が隣り合う母点同士を線分でつないでできる図形である．これを S に対するドロネー図 (Delaunay diagram) という．ドロネー (Delaunay) は，この図を研究したロシアの数学者の名前である．図 4.12 にドロネー図の例を示した．この図の黒丸は S の要素，破線はボロノイ図，そし

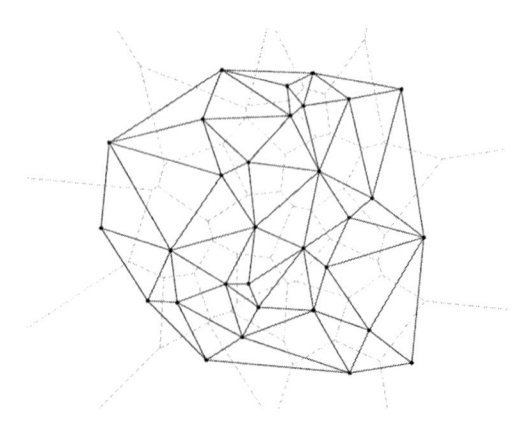

図 4.12　ドロネー図

て実線がドロネー図を表す．

ドロネー図の辺を**ドロネー辺** (Delaunay edge)，ドロネー辺で囲まれた領域を**ドロネー多角形** (Delaunay polygon) という．ドロネー多角形が三角形のとき，とくに**ドロネー三角形** (Delaunay triangle) という．ドロネー図は，S の凸包をドロネー多角形とその境界へ分割する図形である．とくに，すべてのドロネー多角形が三角形のとき，この分割を**ドロネー三角形分割** (Delaunay triangulation) という．また，ドロネー図において，三角形以外の多角形が現れたとき，対角線を入れて三角形に分割したものもドロネー三角形分割という．S の要素は，ドロネー図の**母点** (generating point) と呼ばれる．

ドロネー辺はボロノイ辺と 1 対 1 に対応する．また，ドロネー多角形はボロノイ点と 1 対 1 に対応する．さらに，ドロネー図の頂点は母点であり，したがってボロノイ領域と 1 対 1 に対応している．この意味で，ドロネー図はボロノイ図の双対図形である．

この双対性からボロノイ図の性質の多くはドロネー図の言葉で表現することもできる．その結果，ドロネー図は次のような性質をもつ．

性質 4.11 ドロネー多角形の頂点はすべて同一の円周上にある．そして，その円は内部に他の母点を含まない．

S の要素を内部に含まない円を**空円** (empty circle) という．したがって，ドロネー多角形のすべての頂点を通る円は空円である．

性質 4.12 ドロネー辺は，それに対応するボロノイ辺と直交する．

性質 4.13 n 個の母点に対するドロネー図において，ドロネー辺の数は $3n-3$ 以下であり，ドロネー多角形の数は $2n-2$ 以下である．

4.4.2 ドロネー図と最小張木

点集合 S に属す点を頂点とする連結なグラフで，サイクルを含まないものを木と呼ぶのであった．木が S のすべての頂点を含んでいるとき，その木を S の**張木** (spanning tree) という．S の張木のうち，辺の長さの総和が最小のものを，**最小**

張木 (minimum spanning tree) という．最小張木は，たとえば S が地図上の都市を表すときに，都市間を直線分の電話回線でつないで，全体を連結にしようとするとき，回線の長さを最小にするつなぎ方を表しているとみなせる．

$|S| = n$ のとき，S の張木は $n-1$ 本の辺をもつ．なぜなら $|S| = 2$ のとき S の張木は 1 本の辺からなり，S に属す点の数が 1 増えるごとに，張木を構成する辺も 1 本ずつ増えるからである．

S のドロネー図と S の最小張木の間には，次の関係がある．

性質 4.14 点集合 S の最小張木は，S のドロネー図の部分グラフである．

この性質は，次のようにして確認できる．S の最小張木を T とし，T に属す辺 e が S に対するドロネー図のドロネー辺ではなかったと仮定しよう．e を直径とする円の内部に S の点が少なくとも 1 つ存在する．なぜなら，そのような点が存在しなかったら，e の両端点と S のもう 1 つの点を通る空円が作れるから，e はドロネー辺となり，仮定に反するからである．そこで，e を直径とする円の内部に存在する S の点の 1 つを p とする．一方，T は木だから，T から e を除くと残りは 2 つの連結なグラフに分かれる．それを T_1 と T_2 としよう．図 4.13 に示すように，最小張木 T は，T_1 と T_2 を e でつなぐ構造をしている．一般性を失うことなく，p は T_1 に属するとする．e の端点のうち T_2 に属するものを q とおく．p と q を結ぶ線分は e より短い．したがって，T から e を除き，代わりに辺 pq を加えたものは，やはり木であり，しかも辺の総長は T より小さい．これは T が最小張木であることに反する．このように矛盾が導けたから，最初の仮定は間違っていたことになり，e は S に対するドロネー図のドロネー辺である．T のすべての辺がこの性質をもつから，T はドロネー図の部分グラフであることが確認できた．

S の最小張木は，S という頂点集合が与えられたとき定義される．一方，V を

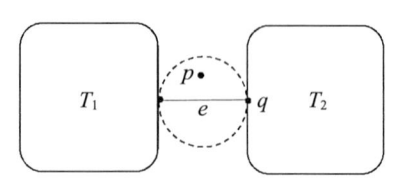

図 4.13 最小張木の辺でドロネー辺でないものがあると仮定した状況

頂点集合，E を辺集合とする連結なグラフ G に対して，その部分グラフで V の張木となっているもののうち，辺の総長が最小のものは，G の最小張木と呼ばれる．G の最小張木は次のアルゴリズムで構成できる．

アルゴリズム 4.2（グラフの最小張木）

入力：頂点集合 V と辺集合 E からなる連結なグラフ G および各辺の長さ（$|V|=n, |E|=m$ とする）

出力：G の最小張木を構成する辺集合 T

手続き：

1. E に属す辺を短い順に並べてできるリストを $(e_1, e_2, \ldots, e_m)$ とする．
2. T を空集合に初期化する．
3. $i = 1, 2, \ldots, m$ の順に次を実行する．
   - 3.1　e_i が，V を頂点集合とし T を辺集合とするグラフの異なる連結成分をつなぐ辺なら，$T \leftarrow T \cup \{e_i\}$ とする．
   - 3.2　$|T| = n - 1$ なら処理を終了する．　　　　　　　　　　　　　□

このアルゴリズムによって，最小張木が構成できることを確認しておこう．第1に，出力 T を辺集合とするグラフは閉路を含まない．なぜなら，ステップ3.1で異なる連結成分をつなぐ辺のみを T に追加しているからである．第2に，T を辺集合とするグラフは，V の張木である．なぜなら，ちょうど $n-1$ 本の辺をもち，閉路を含まないからである．第3に，この張木が最小張木であることを背理法によって示そう．

T を辺集合とする張木が最小張木ではないとする．このとき，G の最小張木は別に存在するから，それを構成する辺集合を U とする．T に属し，U には属さない辺が存在する．その1つを e とする．U に e を加えると閉路が1つできる．この閉路を構成する辺の中で e が最も長い．なぜなら，e より長い辺 e' が存在するときには $U \cup \{e\} \setminus \{e'\}$ が U より短い張木となり，U が最小張木の辺集合であることに反するからである．そこで，この閉路を構成する辺を短い順に並べた列を $(e^{(1)}, e^{(2)}, \ldots, e^{(k)} = e)$ とする．アルゴリズム4.2のステップ3では，$e^{(k)}$ 以前に $e^{(1)}, e^{(2)}, \ldots, e^{(k-1)}$ が調べられるから，T には $e^{(1)}, e^{(2)}, \ldots, e^{(k-1)}$ が加えられ，$e^{(k)}$ は加えられないはずである．これは矛盾である．したがって，仮定が間違っており，T は最小張木を構成することが確認できた．

アルゴリズム 4.2 の時間複雑度についてみてみよう．ステップ 1 は m 個の要素を小さい順に並べる作業であるから，$\mathrm{O}(m \log m)$ の時間でできる．ステップ 2 は定数時間で実行できる．ステップ 3.1 では，辺 e_i が同一の連結成分をつなぐのか異なる連結成分をつなぐのかを判定しなければならない．そのために，各頂点にはそれが属す連結成分番号をつけることにする．初期状態では，すべての頂点がそれ自身だけからなる連結成分を構成するので，頂点番号をそのまま連結成分番号とする．また，各連結成分には，その大きさ（すなわちそれに属す頂点の数）を記録しておくことにする．初期状態では，すべての連結成分の大きさが 1 である．

ステップ 3.1 で，辺 e_i が異なる連結成分をつなぐかどうかを調べるためには，e_i の両端の頂点の連結成分番号を比べればよい．異なっていれば，異なる成分をつなぐと判定できる．e_i を T に加えたときには，2 つの連結成分番号を 1 つにしなければならないが，そのときには，小さい成分の成分番号を大きい成分の成分番号に書き換える．番号の書き換え回数が最大となるのは，常に同じ大きさの 2 つの連結成分を 1 つにする場合である．連結成分の融合の様子は，V に属す頂点を最も下位の頂点とする 2 進木で表すことができる．連結成分番号の書き換えが最も多く生じるのは，左右にバランスよく枝分かれする完全 2 進木のときで，その場合の書き換えの回数の合計は，$\mathrm{O}(n \log n)$ である．したがって，ステップ 3 は全体で $\mathrm{O}(m + n \log n)$ 時間で実行できる．$n = \mathrm{O}(m)$ だからアルゴリズム 4.2 の時間複雑度は $\mathrm{O}(m \log m)$ である．

点集合 S の最小張木に戻ろう．グラフの場合と違って，とくに辺集合が指定されていないから，すべての点対を辺の候補と考えなければならない．この場合の辺の数 m は $\mathrm{O}(n^2)$ であるから，アルゴリズム 4.2 を直接適用すると $\mathrm{O}(n^2 \log n)$ の計算時間がかかる．

一方，S のドロネー図は，ボロノイ図を作って，その双対をとればよいから $\mathrm{O}(n \log n)$ 時間で構成できる．そして，その辺の数は，性質 4.13 で見たとおり $\mathrm{O}(n)$ である．さらに性質 4.14 より，S の最小張木は S のドロネー図の部分グラフの中で探せばよい．以上を総合すると，まず S のドロネー図を作って，次にその部分グラフの中で最小張木を探せば，$\mathrm{O}(n \log n)$ 時間で構成できる．

これは，ボロノイ図・ドロネー図を利用して幾何計算の効率を上げることのできる典型例である．これが可能なのは，性質 4.6，4.13 で見たように，ボロノイ

図・ドロネー図の複雑さが $O(n)$ しかないという事情によるものである.

4.4.3 ドロネー図と3次元凸包

次に，2次元のドロネー図と3次元の凸包の間の1つの関係について紹介しよう．これは初めて聞くとちょっと不思議な関係であるが，ボロノイ図・ドロネー図の性質を調べたり，アルゴリズムを設計したりするときに役立つ便利な関係である．

今までと同じように，$S = \{p_1, p_2, \ldots, p_n\}$ を，2次元平面に指定された点の集合とする．p_i の座標を (x_i, y_i) とする．ここで，3次元空間の点 p_i^* を

$$p_i^* = (x_i, y_i, x_i^2 + y_i^2), \quad i = 1, 2, \ldots, n, \tag{4.30}$$

で定義する．そして，$S^* = \{p_1^*, p_2^*, \ldots, p_n^*\}$ とおく．

S から S^* を作る操作は，図 4.14 に示すように，xy 平面上の点を，回転放物面 $z = x^2 + y^2$ にぶつかるまで，垂直に（z 軸に平行に）もち上げることに対応する．

このとき，次の性質が成り立つ．

性質 4.15 S^* に対する3次元凸包を C とおく．C の境界をなす多角形で，外向き法線の z 成分が負のものを xy 平面へ垂直に投影して得られる多角形の集合は，S に対するドロネー図と一致する.

この性質は次のようにして確認できる．まず，3次元空間の3点 $q_i = (x_i, y_i, z_i)$,

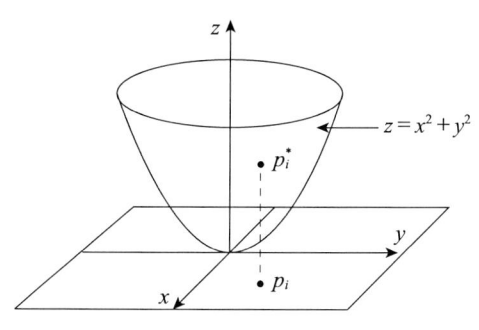

図 4.14 平面上の点の回転放物面へのもち上げ

$q_j = (x_j, y_j, z_j)$, $q_k = (x_k, y_k, z_k)$ に対して次の式を考える．ただし，q は座標 (x, y, z) をもつ一般の点を表すものとする：

$$H(q_i, q_j, q_k, q) = \begin{vmatrix} 1 & x_i & y_i & z_i \\ 1 & x_j & y_j & z_j \\ 1 & x_k & y_k & z_k \\ 1 & x & y & z \end{vmatrix}. \tag{4.31}$$

$H(q_i, q_j, q_k, q) = 0$ は，3 点 q_i, q_j, q_k を通る平面を表す．なぜなら，第 1 に，この式は x, y, z に関する 1 次式であるから平面を表し，第 2 に，q に q_i または q_j または q_k を代入すると式 (4.31) の右辺の行列において 2 つの行が等しくなるから，行列式の値が 0 となり，この平面がこれらの点を通過することがわかるからである．

点 q がこの平面上にない場合は，$H(q_i, q_j, q_k, q)$ の符号によって，平面のどちら側にあるかがわかる．本書では，xyz 座標系は右手系のものを採用することにする．すなわち，右手の親指，人差し指，中指を自然に互いに直交する方向にのばしたとき，親指が x 軸，人差し指が y 軸，中指が z 軸のそれぞれ正方向を向く座標系である．また，必要なら点番号を付け替えて，3 点 q_i, q_j, q_k を z 軸の正方向の無限遠方から見下ろしたとき，この順に反時計回りに円周上に並んでいるものとする．このとき，$H(q_i, q_j, q_k, q_l) < 0$ と，点 q_l が平面 $H(q_i, q_j, q_k, q) = 0$ より z の値が小さい側にあることは，等価である．

ここでとくに，$H(q_i, q_j, q_k, q)$ に $q_i = p_i^*$, $q_j = p_j^*$, $q_k = p_k^*$ を代入しよう．すると次の式が得られる：

$$H(p_i^*, p_j^*, p_k^*, q) = \begin{vmatrix} 1 & x_i & y_i & x_i^2 + y_i^2 \\ 1 & x_j & y_j & x_j^2 + y_j^2 \\ 1 & x_k & y_k & x_k^2 + y_k^2 \\ 1 & x & y & z \end{vmatrix}. \tag{4.32}$$

この式にさらに $q = p_l^*$ を代入することを考えよう．$H(p_i^*, p_j^*, p_k^*, p_l^*) > 0$ のときには，点 p_l^* は，平面 $H(p_i^*, p_j^*, p_k^*, q) = 0$ より z 座標が大きい値をとる側にある．したがって，すべての $p_l^* \in S^* \setminus \{p_i^*, p_j^*, p_k^*\}$ に対して $H(p_i^*, p_j^*, p_k^*, p_l^*) > 0$ ならば，三角形 $p_i^* p_j^* p_k^*$ は S^* の凸包の境界三角形の 1 つであり，他の点はこれより z 座標の値が大きい側にあるから，この三角

形の外向き法線は z 軸の負の方向を向いている.

ここで, 式 (4.32) と式 (4.12) を見比べてみよう. p_l^* の z 座標 z_l は $x_l^2 + y_l^2$ であるから, $H(p_i^*, p_j^*, p_k^*, p_l^*) = G(p_i, p_j, p_k, p_l)$ である. $G(p_i, p_j, p_k, p_l) > 0$ は点 p_l が, 3点 p_i, p_j, p_k を通る円の外にあることを意味していた. 一方, $H(p_i^*, p_j^*, p_k^*, p_l^*) > 0$ は, p_l^* が 3 点 p_i^*, p_j^*, p_k^* を通る平面より z 座標の値が大きい側にあることを意味している. この2つを組み合わせると, 三角形 $p_i p_j p_k$ が S に対するドロネー三角形であることと, 三角形 $p_i^* p_j^* p_k^*$ が S^* に対する凸包の境界三角形でその外向き法線が z 軸の負の方向を向いていることとが等価であることがわかる. すなわち, 性質 4.15 が確かめられた.

性質 4.15 は, ドロネー図を作るための1つのアルゴリズムの方針を与える. すなわち, 与えられた2次元点集合 S に対して, (i) 回転放物面まで点をもち上げた点集合 S^* を作り, (ii) S^* に対する3次元凸包を作り, (iii) その凸包の境界面のうち外向き法線の z 軸成分が負のものを集めて, 元の2次元平面へ垂直に投影する. n 個の点の3次元凸包は $O(n \log n)$ の計算時間で作ることができる[111]. したがって, この方法で2次元ドロネー図も $O(n \log n)$ で構成できる. 2次元ドロネー図が3次元凸包を介して作れることを最初に示したのは Brown[22] である. Brown は, 平面上の点を球面上の点へ移すことによってこの性質を示した. 回転放物面へ移す方法については, Edelsbrunner[36] などに詳しい.

4.4.4 最小内角最大性

$S = \{p_1, p_2 \ldots, p_n\}$ を2次元平面上に指定された n 個の点の集合とする. S の凸包の内部を S の点を頂点とする三角形に分割する最も細かい分割を, S に対する**三角形分割** (triangulation) と呼ぶ. 図 4.15 の (a) は S の凸包内部の三角形分割ではあるが S の点の中で三角形の辺上にあるものや, 三角形の頂点としてまったく使われていないものがあるため, 最も細かい分割にはなっていない. 一方, (b) は, 同じ点集合に対する分割であるが, 最も細かいものになっている. したがって, 同図の (a) は S に対する三角形分割ではないが, (b) は S に対する三角形分割である.

S に対する三角形分割は多数ある. その1つを T としよう. T に含まれる三角形の内角をすべて集めて小さい順に並べた列を $(\alpha_1, \alpha_2, \ldots, \alpha_m)$ としよう. m は T に含まれる三角形の数の3倍である. この列を, 三角形分割 T の内角昇順

80   4. ボロノイ図とドロネー図

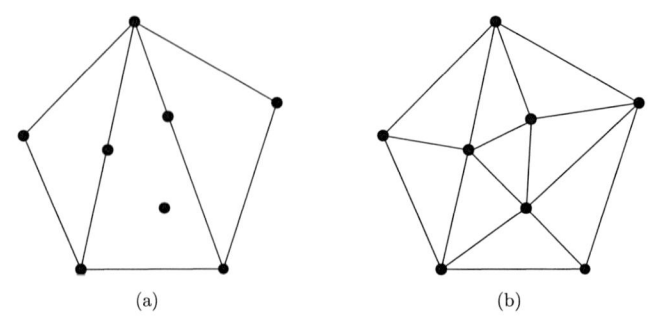

図 4.15 S の凸包内部の三角形分割

列 (increasing list of inner angles) という．

2つの列 $\alpha = (\alpha_1, \alpha_2, \ldots, \alpha_m)$ と $\beta = (\beta_1, \beta_2, \ldots, \beta_m)$ を最初から要素ごとに比較し，初めて等しくないものが現れたとき，その大小で列の大小を決めた順序関係を**辞書式順序** (lexicographic order) という．すなわち

$$\alpha_1 = \beta_1, \alpha_2 = \beta_2, \ldots, \alpha_{i-1} = \beta_{i-1}, \alpha_i \neq \beta_i$$

を満たす i に対して $\alpha_i < \beta_i$ なら，α が β より辞書式順序が小さいといい，$\alpha_i > \beta_i$ なら，α が β より辞書式順序が大きいという．

ドロネー三角形分割は次の顕著な性質をもつ．

性質 4.16（最小内角最大性）　S に対するすべての三角形分割の中で，ドロネー分割が辞書式順序に関して最大の最小内角上昇列をもつ．

この性質は，できるだけふっくらとした三角形を使って領域を三角形に分割したいという場面などでドロネー三角形分割が役立つ根拠を与える重要なものである．本節ではこれを証明しよう．

図 4.16 に示すように，4点が凸四角形の頂点をなす場面で，可能な2つの対角線について考える．図の実線の対角線によって四角形を2つの三角形に分割すると，どちらの三角形もその外接円はもう1つの点を含まない．一方，破線の対角線によってできた2つの三角形はどちらもその外接円がもう1つの点を含む．したがって，S がこの4点で構成されているときには，実線の対角線による分割がドロネー三角形分割である．

4.4 ドロネー図

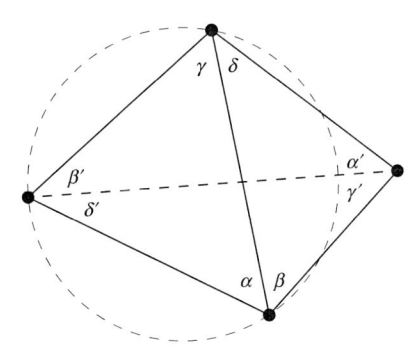

図 4.16 対角線の交換

凸四角形を対角線によって2つの三角形に分ける場合，ドロネー三角形分割を採用した方が，三角形の内角の最小値は大きくなる．たとえば，実線の対角線によってできたドロネー三角形の1つは，図の破線で示す外接円をもち，他の点はこの外接円の外にあるから同じ円弧の上に立つ円周角と円周の外に出る角の関係から $\alpha > \alpha'$ である．もう1つの三角形の外接円から $\beta > \beta'$ であることもわかる．また，破線の対角線によってできる三角形の外接円が他の点を含むという性質から，$\gamma > \gamma'$，$\delta > \delta'$ も成り立つ．したがって，実線の対角線を選んだ方が，三角形の内角の最小値は大きくなる．

さて，S が一般に多数の点の集合であって，S に対するある三角形分割の一部分に図4.16に示すように2つの三角形が辺でつながれてできる凸の四角形が含まれているとしよう．この凸四角形に実線の対角線が含まれていれば，この対角線は局所ドロネー性 (locally Delaunay property) をもつという．三角形分割において，局所ドロネー性をもたない対角線を，図4.16の破線から実線のように交換する操作を局所ドロネー化という．

S に対する任意の三角形分割 T が与えられたとしよう．T の中に局所ドロネー性をもたない対角線があれば，その対角線をもう1つの可能な対角線に取り替えて局所ドロネー化したとしよう．これによって，この部分の2つの三角形の内角の最小値は大きくなる．局所ドロネー性をもたない対角線がある限り同様の対角線交換操作を施した結果，最終的に得られる三角形分割を T^* としよう．

T から T^* に至るこの対角線の交換操作をするたびに関連する2つの三角形の内角の最小値は単調に増加する．実は，この方法で得られる三角形分割 T^* は，S

に対するドロネー三角形分割になっている．最後にこれを確認しよう．

出発点となった最初の三角形分割 T を考える．S に属す点を，図 4.14 に示したように，回転放物面 $z = x^2 + y^2$ へもち上げたとしよう．このとき T に属す三角形も連動してもち上げる．すると，空間に配置された S^* に属す点を頂点とする三角形で構成された曲面が得られる．これを下から見上げると，下向きに出っ張った辺も，上の方向へ引っ込んだ辺もあるであろう．

ここで，辺でつながれた 2 つの三角形に着目する．式 (4.32) で定義された H の符号が，空間の 3 点を通る平面に対して第 4 点が上か下かを表すと同時に，それらの点を xy 平面へ垂直に投影してできる三角形の外接円が第 4 点を含むか否かを表すことを思い出そう．この性質から，辺が下から見上げて引っ込んでいるとき，対応する xy 平面上の辺は局所ドロネー性を満たさないことがわかる．そして，xy 平面上で対角線を交換して局所ドロネー化を行うことは，3 次元空間では，下から見上げて引っ込んでいる辺とその両側の三角形でできる四面体のくぼみに物質をつめて引っ込んだ辺を出っ張った辺に取り替えることに対応する．局所ドロネー化は，3 次元で考えると，このように四面体を構成するくぼみを埋めて，曲面を下へ下へとふくらますことに対応する．そして，性質 4.15 から，下に凸な曲面に達したときがドロネー三角形に対応するのであった．以上を総合すると T^* がドロネー三角形分割であることがわかる．すなわち，性質 4.16 が証明された．

のちに見ることであるが，この性質は，観測データの補間や三角形メッシュの生成などに応用できる．

4.5 重心ボロノイ図

ドロネー三角形分割は S に対するすべての三角形分割の中で最小角が最大であるという意味でふっくらとした三角形を多く含んだ分割である．一方，S に属す点を動かすと，三角形をもっとふっくらとしたものに改良できると期待できる．では，どのように動かしたらよいであろうか．これに対する 1 つの答を与えてくれるのが，重心ボロノイ図という概念である．次にこれについて学ぼう．

4.5.1 重心ボロノイ図と施設利用コスト最小性

今まで,ボロノイ図は無限に広がった平面全体を分割する図形とみなしてきた.本節では,平面のある有界な領域の中だけで考える.A を平面上の凸で有界な領域とし,S を A に属す n 個の母点の集合とする.$p_i \in S$ のボロノイ領域を A に制限したもの

$$R(S; p_i) \cap A \tag{4.33}$$

を,A に制限された p_i の制限ボロノイ領域 (restricted Voronoi region) と呼ぶ.すべての母点がその点の制限ボロノイ領域の重心に一致するとき,このボロノイ図を重心ボロノイ図 (barycentric Voronoi diagram) という.正方形領域内の重心ボロノイ図の例を図 4.17 に示す.

重心ボロノイ図は,地域の住民が施設を利用する際の利便性を最大化する施設配置計画にも役立つ.領域 Ω 内の点 $p = (x, y)$ に住む住民が,点 (X, Y) にある施設を利用するために払うコストが,p と (X, Y) の距離の 2 乗に比例するとしよう.Ω 内では,住民が一様な密度で分布しているとすると,全住民が払うコスト C は,

$$C = \int_{(x,y) \in \Omega} ((X - x)^2 + (Y - y)^2) \mathrm{d}x \mathrm{d}y \tag{4.34}$$

と表すことができる.C を最小とする点 (X, Y) は

$$\frac{\partial C}{\partial X} = 2 \int_{(x,y) \in \Omega} (X - x) \mathrm{d}x \mathrm{d}y = 0, \tag{4.35}$$

$$\frac{\partial C}{\partial Y} = 2 \int_{(x,y) \in \Omega} (Y - y) \mathrm{d}x \mathrm{d}y = 0 \tag{4.36}$$

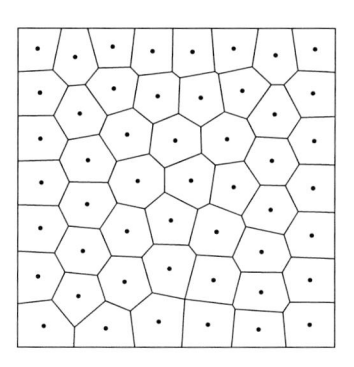

図 4.17 重心ボロノイ図

を満たす．領域 Ω の面積を $|\Omega|$ で表すと，式 (4.35) より

$$X \int_{(x,y)\in\Omega} \mathrm{d}x\mathrm{d}y = \int_{(x,y)\in\Omega} x\mathrm{d}x\mathrm{d}y \qquad (4.37)$$

となり，これを変形すると

$$X = \frac{1}{|\Omega|} \int_{(x,y)\in\Omega} x\mathrm{d}x\mathrm{d}y \qquad (4.38)$$

となる．同様に，式 (4.36) より

$$Y = \frac{1}{|\Omega|} \int_{(x,y)\in\Omega} y\mathrm{d}x\mathrm{d}y \qquad (4.39)$$

である．式 (4.38), (4.39) は，C を最小にする点 (X,Y) が領域 Ω の重心に一致することを表している．

次に領域 A において n 個の施設を点 $p_1, p_2, \ldots, p_n$ へ配置することを考えよう．A が n 個の領域 $A_1, A_2, \ldots, A_n$ へ分割され，A_i に住む住民は点 $p_i = (x_i, y_i)$ の施設を利用するとする．たとえば，p_i が i 番目の小学校の位置で，A_i がその小学校の学校区である状況を思い浮かべることができよう．このときの全体のコスト C は，

$$C = \sum_{i=1}^{n} \int_{(x,y)\in A_I} ((x_i - x)^2 + (y_i - y)^2) \mathrm{d}x\mathrm{d}y \qquad (4.40)$$

と書くことができる．

領域 A_i の重心を (X_i, Y_i) としよう．A の分割 $A_1, A_2, \ldots, A_n$ が固定され，施設の位置 $p_1, p_2, \ldots, p_n$ は動かすことができるという状況でコスト C を最小にするためには，上で見たとおり，p_i を A_i の重心へおけばよい．すなわち

$$\min_{p_1, p_2, \ldots, p_n} C = \sum_{i=1}^{n} \int_{(x,y)\in A_i} ((X_i - x)^2 + (Y_i - y)^2) \mathrm{d}x\mathrm{d}y \qquad (4.41)$$

である．

次に，施設の位置 $p_1, p_2, \ldots, p_n$ は固定され，領域 A の分割 $A_1, A_2, \ldots, A_n$ を変更できる状況で，C を最小化することを考えよう．それぞれの点 p の住民は最も近い施設を利用するという選択がコスト最小を実現するから，最適な分割は，$S = \{p_1, p_2, \ldots, p_n\}$ を母点集合とするボロノイ図による分割である．すなわち

$$\min_{A_1, A_2, \ldots, A_n} C = \sum_{i=1}^{n} \int_{(x,y) \in R(S; p_i) \cap A} ((x_i - x)^2 + (y_i - y)^2) \mathrm{d}x \mathrm{d}y \quad (4.42)$$

が成り立つ．

最後に，施設の位置 $p_1, p_2, \ldots, p_n$ と A の分割 $A_1, A_2, \ldots, A_n$ の両方を動かすことができる状況を考えよう．この場合は，式 (4.41) と式 (4.42) から，分割は $p_1, p_2, \ldots, p_n$ のボロノイ領域への分割で，施設の位置は各ボロノイ領域の重心であるという状況が最適であることがわかる．これはすなわち，重心ボロノイ図が満たす状況である．これを性質としてまとめておこう．

性質 4.17（重心ボロノイ図） ある地域に n 個の同種の施設を作ることができる状況で，利用者全体のコストを最小にする施設の位置と，それを利用する住民への領域の分割は，施設位置を母点とする重心ボロノイ図をなす．

4.5.2　ウォード法

重心ボロノイ図を求めるためには，母点の位置と領域分割を交互に調整することを繰り返すのが効率のよい方法であることがわかっている．この方法はウォード法 (Word Method) と呼ばれている．これをアルゴリズムの形にまとめると次のとおりである．

アルゴリズム 4.3（重心ボロノイ図のためのウォード法）

入力：凸領域 A と母点数 n と，正の実数値 T

出力：n 個の母点からなる A の重心ボロノイ図の近似図形

手続き：

1. A 内にランダムに n 個の点 $p_1, p_2, \ldots, p_n$ を配置する．
2. $S = \{p_1, p_2, \ldots, p_n\}$ を母点集合とする A 内の制限ボロノイ図を作る．
3. $p_1, p_2, \ldots, p_n$ を，ステップ 2 で作ったボロノイ図の対応するボロノイ領域の重心へ移動する．
4. ステップ 3 での母点の移動距離がすべて T 以下なら，現在のボロノイ図を出力して，処理を終了する．そうでなければ，ステップ 2 へ行く． □

このアルゴリズムの振舞いの例を図 4.18 に示す．この図の (a) は，アルゴリズムのステップ 1 に配置した母点に対してステップ 2 で作ったボロノイ図である．

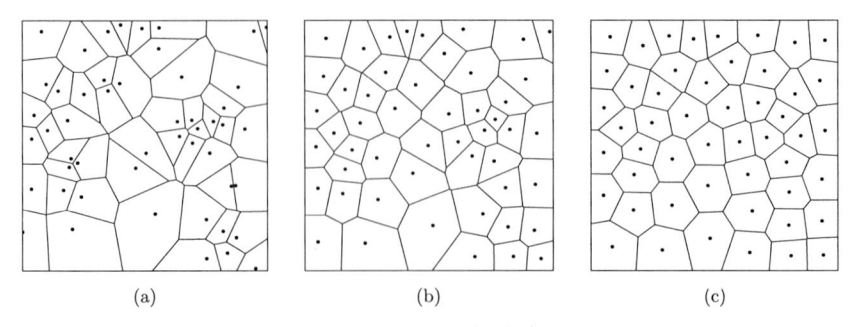

図 4.18 ウォード法の振舞い

母点数は 50 である．このあと，アルゴリズムのステップ 3,4,2 をこの順に 1 回繰り返した結果が (b) で，5 回繰り返した結果が (c) である．これを数十回繰り返した結果，図 4.17 の重心ボロノイ図が得られた．

4.5.3 重心ボロノイ図を利用したメッシュ生成

ドロネー図は，与えられた母点位置を頂点に使うという制限のもとで，最小内角を最大にするという意味で，よいメッシュを与えるものであった．しかし，母点位置を変更することによって，さらによいメッシュを作ることができる可能性は残っている．重心ボロノイ図は，よいメッシュを作るという目的に適した母点位置を与える 1 つの基準となる．

たとえば図 4.17 の重心ボロノイ図を見ると，母点がほぼ一様な密度で分布し，ボロノイ領域は正六角形に近いものが多い．したがって，これから作ったドロネー図は，よいメッシュを与えるだろうと予想される．

ただし，すべての重心ボロノイ図がよいメッシュを与えるわけではない．重心ボロノイ図ではあるが，よいメッシュには対応しない例を図 4.19 に示す．ここでは，すべての母点が一列に等間隔で並び，その結果，ボロノイ領域は長方形で，母点はその重心にある．したがって重心ボロノイ図となっている．しかし，母点は一列に並んでいるからドロネー図は一直線に退化し，メッシュを構成しない．

図 4.17 のよいメッシュに対応する重心ボロノイ図と，図 4.19 のようによいメッシュには対応しない重心ボロノイ図はどこが違うのであろうか．この違いは，母点の位置に小さなゆらぎが加わった場合のボロノイ図の安定性にある．実際，図 4.20 に示すように，1 つの母点の位置が一直線上から少しはずれると，対応する

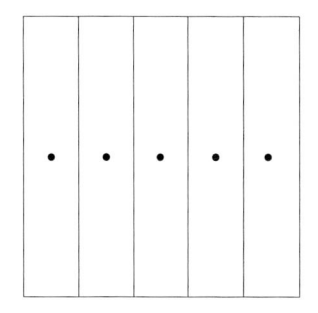

図 4.19　不安定な重心ボロノイ図 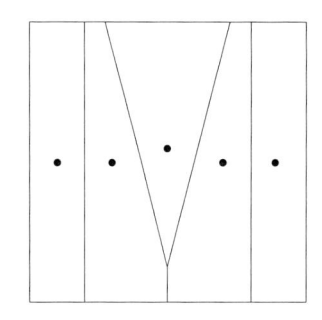　　図 4.20　図 4.19 の母点位置を少し動かしたときのボロノイ図の変化

ボロノイ図は大きく変化する．この状態で，母点をボロノイ領域の重心へ移すというウォード法の手続きを加えると，ボロノイ図は，元の図形からどんどん離れていく．この意味で図 4.19 の重心ボロノイ図は，不安定である．

これに対して，図 4.17 の重心ボロノイ図は安定である．1 つの母点の位置を少し動かしても，対応するボロノイ図は大きく変わることはなく，それにウォード法を適用しても，大きな変化はないまま収束する．だからこのボロノイ図は安定である．

ウォード法は，数値的な反復計算であるから，その性質上，計算の途中で不安定な重心ボロノイ図に近いものが現れても，すぐに変更されてしまう．だから，ほぼ確実に安定な重心ボロノイ図が出力として得られるものと期待できる．そして，安定な重心ボロノイ図は，よいメッシュに対応することも経験的にわかっている．

実は 4.5.1 項で論じた施設の最適な配置と領域分割は，重心ボロノイ図であることが必要条件ではあるが，それだけで十分とはなっていない．図 4.19 のように施設を配置したのでは，住民から施設までの距離は必ずしも小さくない．しかし，このような重心ボロノイ図は，ウォード法では出力されないので心配はいらない．実用上は，重心ボロノイ図をウォード法のような数値計算法で構成すれば，施設配置の目的に合う母点配置が得られることが経験的にわかっているので，これが利用できるのである．

4.6 章末ノート

ボロノイ図とその双対図形であるドロネー図は，計算幾何学において最も重要な幾何構造の1つで，その理論・算法・応用にわたって膨大な研究の蓄積がある．ボロノイ図を扱った基本的な著書には，Okabe et al.[104, 106]がある．ボロノイ図に関する解説記事には，Aurenhammer[10]，Aurenhammer and Klein[12]，Sugihara[135]，Fortune[47]などがある．日本語でのやさしい解説には杉原[136]もある．ボロノイ図は基本的なデータ構造であるため，計算幾何学の教科書の多くでも，章または複数の章をあてて取り上げられている[29, 36, 63, 111, 147]．

ボロノイ図・ドロネー図の構成算法に関する研究もたくさんある．理論的に最適な $O(n \log n)$ の算法には，分割統治法[55, 91, 111]，平面走査法[45]，1次元高い空間での凸包を利用する方法[22]などがある．一方，$O(n)$ の平均計算時間を達成する実用的算法は，Ohya, Iri and Murota[102]によって提案された．この算法をさらに数値誤差に対してロバストなものにした位相優先アルゴリズムはSugihara and Iri[143, 144]によって作られた．ここで提案された位相優先の考え方は，その後，ボロノイ図の分割統治算法[103]，3次元ボロノイ図[65]，線分ボロノイ図[64]，3次元凸包[99]などにも使われている．

ボロノイ図・ドロネー図の応用も多岐にわたる．地理情報処理[70, 71, 105]，メッシュ生成[18, 50]，幾何的補間[58, 122]などはその代表例であろう．

5
一般化ボロノイ図

 ボロノイ図は，どの母点に最も近いかによって，平面をそれぞれの母点の領域に分割する図形であった．この領域は，各母点が自分の勢力の及ぶ範囲を囲い込んでできる勢力圏とみなすことができる．このように解釈すると，ほかにも状況に応じて様々な勢力圏の形が考えられる．本章では，ボロノイ図の考え方を一般化することによって多様な勢力圏のバリエーションができることを見ていく．

5.1 ボロノイ図の3要素

 まずボロノイ図について復習しよう．母点の集合を S とし，平面全体を U とし，母点 $p_i \in S$ と一般の点 $p \in U$ の間のユークリッド距離を $d(p, p_i)$ とする．このとき，p_i のボロノイ領域は

$$R(S; p_i) = \bigcap_{p_j \in S \setminus \{p_i\}} \{p \in U \mid d(p, p_i) < d(p, p_j)\} \tag{5.1}$$

で定義された．この S, U, d をボロノイ図の3要素とみなす．そして，少し一般的な言葉を用いて，S を**生成元** (generator) の集合，U を**背景空間** (underlying space)，d を**距離** (distance) と呼ぶことにする．この3要素をそれぞれ取り替えることによって，様々なボロノイ図のバリエーションを定義することができる．このようにして得られるバリエーションを，**一般化ボロノイ図** (generalized Voronoi diagram) という．本章では，生成元が点でありそのことを強調したいときには，今までどおり母点という言葉も併用する．

 一般化ボロノイ図の具体例へ進む前に，いくつか言葉を定義しておこう．一般化ボロノイ図も，背景空間をそれぞれの生成元の勢力圏へ分割する図形である．勢力圏をボロノイ領域，2つのボロノイ領域の境界辺をボロノイ辺，3つ以上のボロノイ領域の共通の境界点をボロノイ点と呼ぶことにする．2つの生成元 $g_i, g_j \in S$

から等しい距離にある点の軌跡

$$\{p \in U \mid d(p, q_i) = d(p, q_j)\} \tag{5.2}$$

を距離 d に関する**二等分曲線** (bisector) という．生成元が点で，距離がユークリッド距離の場合は，二等分曲線は生成元を結ぶ線分の垂直二等分線であった．一般には，二等分曲線は直線ではなくて曲線となり，その一部がボロノイ辺となる．

5.2 距離の一般化

ボロノイ図の3要素の中の距離をユークリッド距離以外の距離に置き換えることによって，ボロノイ図のバリエーションを作ることができる．ただし，ここでいう距離は，必ずしも距離公理を満たすとは限らない．単に点と生成元の間の近さ（値が大きいほど近くないから，遠さというべきかもしれない）を表す数値である．具体的なバリエーションについて見る前に，次の性質が成り立つことを確認しておこう．

性質 5.1 1つの距離を単調増加関数を使って別の距離に置き換えても，対応するボロノイ図は変わらない．

これをもう少していねいに説明すると次のとおりである．点 p と q の間の距離 $d(p,q)$ が定義されているとしよう．任意の p, q に対して $d(p,q) \geq 0$ とする．ここで $\phi(t)$ を，$0 \leq t$ で定義された単調増加関数とする．すなわち，ϕ は，任意の $0 \leq t_1 < t_2$ に対して $\phi(t_1) < \phi(t_2)$ を満たす．このとき，距離 $d(p,q)$ に関するボロノイ図と，距離 $\phi(d(p,q))$ に関するボロノイ図は同じものである．なぜなら2つの母点 p_i, p_j に対して

$$d(p_i, p) = d(p_j, p) \tag{5.3}$$

と

$$\phi(d(p_i, p)) = \phi(d(p_j, p)) \tag{5.4}$$

は等価であり，したがって両方の距離に関する二等分曲線が一致するからである．だから，たとえば，ユークリッド距離に関するボロノイ図と，ユークリッド距離

の 2 乗を距離とするボロノイ図とは同じものである．

というわけだから，新しいボロノイ図のバリエーションを作るためには，単調増加関数で互いに交換できるものではなくて，本質的に新しい距離を導入することが必要である．以下では，そのような距離によるボロノイ図の代表的バリエーションについて見ていく．

5.2.1　マンハッタン距離ボロノイ図

平面上の 2 点 $p_i = (x_i, y_i)$ と $p_j = (x_j, y_j)$ に対して

$$d(p_i, p_j) = |x_i - x_j| + |y_i - y_j| \tag{5.5}$$

を 2 点の**マンハッタン距離** (Manhattan distance) という．式 (5.5) は，2 点の x 座標の差と y 座標の差の和である．これは，東西と南北に碁盤の目のように走った道路に沿って p_i から p_j へ行くための最短距離に相当する．このような碁盤の目の道路をもった代表的な町であるニューヨークのマンハッタンにたとえて，上の名称がつけられている．マンハッタン距離によるボロノイ図は，**マンハッタン距離ボロノイ図** (Manhattan-distance Voronoi diagram) と呼ばれる．

図 5.1(a) は，1 点からのマンハッタン距離が等しい点の全体をいくつかの距離の値について示したものである．このように，1 点からの距離が等しい点の全体がなす図形を，ユークリッド距離の対応する図形になぞらえてこの距離に対する**円** (circle) と呼ぶことにしよう．図 5.1(a) に示すとおり，マンハッタン距離に対する円は 45 度の傾きをもった正方形である．2 点間のマンハッタン距離による二等分曲線は，図 5.1(b) に示すように，水平・垂直および 45 度の傾きをもった直線分から構成される．図 5.2 に示したのは，マンハッタン距離ボロノイ図の例で

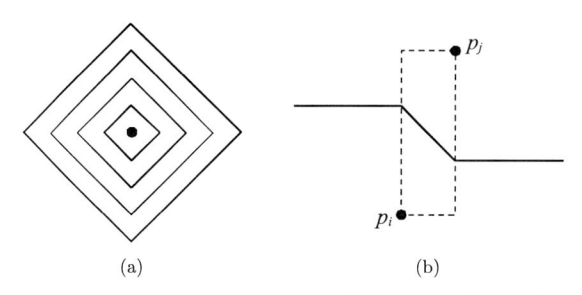

図 5.1　マンハッタン距離による等距離線と二等分曲線

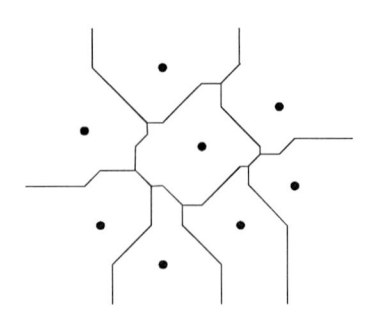

図 5.2 マンハッタン距離ボロノイ図

ある．

たとえば，生成元が地図の中のコンビニエンスストアの位置を表しているとしよう．また，住民は道路に沿って最も近い距離にあるコンビニエンスストアを利用するとしよう．マンハッタン距離ボロノイ図は，碁盤の目の道路が走っている地域で，それぞれのコンビニエンスストアがどのように顧客を確保できているかを表しているとみなすことができる．

5.2.2 L_p 距離ボロノイ図

p を 1 以上の実数とする．平面上の 2 点 $p_i = (x_i, y_i), p_j = (x_j, y_j)$ に対して，

$$d(p_i, p_j) = \{|x_i - x_j|^p + |y_i - y_j|^p\}^{1/p} \tag{5.6}$$

を 2 点の L_p 距離 (L_p-distance) という．

$$d(p_i, p_j) = \max\{|x_i - x_j|, |y_i - y_j|\} \tag{5.7}$$

を 2 点の L_∞ 距離 (L_∞-distance) という．L_∞ 距離も L_p 距離の一種とみなす．L_p 距離によるボロノイ図を，L_p 距離ボロノイ図 (L_p-distance Voronoi diagram) という．

L_p 距離は，$p = 2$ のときユークリッド距離に一致する．だからこれは，ユークリッド距離の一般化である．また，$p = 1$ はマンハッタン距離に一致する．

L_∞ 距離に関する円は，図 5.3(a) に示すように，水平・垂直の辺をもつ正方形である．同図の (b) には，L_∞ 距離に関する二等分曲線の例を示した．この図のように，L_∞ 距離に関する二等分曲線も，水平・垂直および 45 度の傾きをもった直線分で構成される．

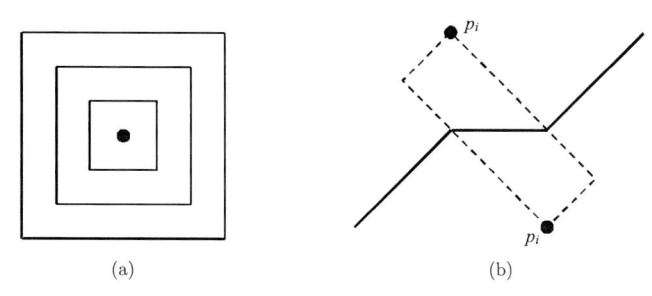

図 5.3　L_∞ 距離による円と二等分曲線

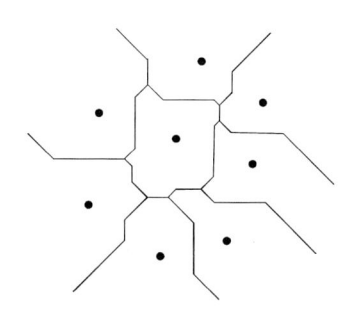

図 5.4　L_∞ 距離ボロノイ図

L_∞ 距離は，たとえば，x 方向と y 方向を独立に一定速度のステップモータで動かすことのできる XY プロッタのペン先を，ある点から別の点へ空送りするのにかかる時間を表すと解釈できる．

L_∞ 距離ボロノイ図の例を図 5.4 に示す．図 5.1(a) と図 5.3(a) を見比べればわかるように，L_∞ 距離に関する円はマンハッタン距離に関する円を 45 度傾けて得られる（正確にはさらに $\sqrt{2}$ 倍の拡大を施さなければならないが）．だから，L_∞ 距離ボロノイ図を作りたかったら，平面を 45 度回転させてからマンハッタン距離ボロノイ図を作り，その結果を -45 度回転させればよい．これも性質としてまとめておこう．

性質 5.2　母点集合 S に対する L_∞ 距離ボロノイ図は，平面を 45 度回転してからマンハッタン距離ボロノイ図を作り，それを -45 度回転することによって得られる．

5.2.3 楕円距離ボロノイ図

1点からの等距離曲線が楕円となる距離は，楕円距離 (elliptic distance) と呼ばれる．楕円距離に関する一般化ボロノイ図を，楕円距離ボロノイ図 (elliptic-distance Voronoi diagram) という．楕円距離ボロノイ図の例を，図 5.5(a) に示す．この図に示した楕円はこの距離に関する等距離曲線を表している．

楕円は，アフィン変換によって円に移すことができる．したがって，楕円距離の定義された平面は，そのアフィン変換によって，ユークリッド距離の定義された平面へ移すことができる．楕円距離ボロノイ図の構成法は，この性質を利用して，ユークリッド距離に関する通常のボロノイ図の構成法に帰着できる．すなわち，まず等距離楕円を円に移すアフィン変換を平面全体に施し，そこでの生成元に対して通常のボロノイ図を作り，最後にその結果をアフィン変換の逆変換によって，元の平面へ戻す．それによって目的の楕円距離ボロノイ図が得られる．これも性質としてまとめておこう．

性質 5.3 母点集合 S に対する楕円距離ボロノイ図は，距離を定義する楕円を円に移すアフィン変換を施したのちユークリッド距離ボロノイ図を作り，その結果をアフィン変換によって元の平面へ戻せば得られる．

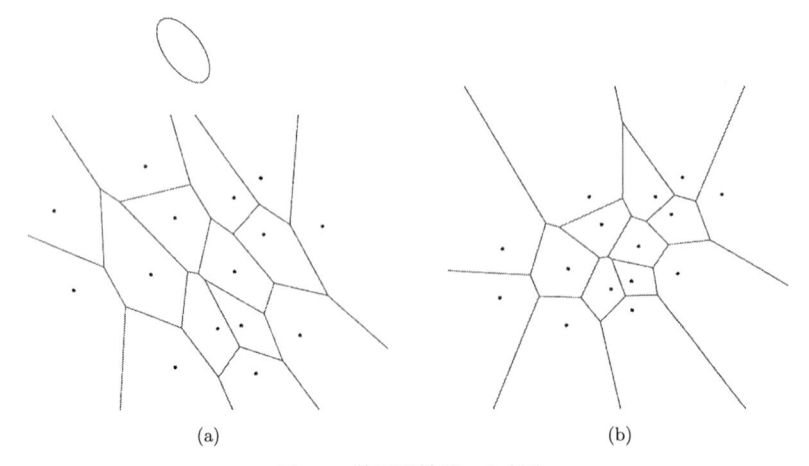

図 5.5 楕円距離ボロノイ図

図 5.5(b) は，同図 (a) の楕円距離がユークリッド距離となるようにアフィン変換を施して得られる空間で作った通常のボロノイ図である．図 5.5(a) の楕円距離ボロノイ図は，これを元の空間へ戻すことによって作ったものである．

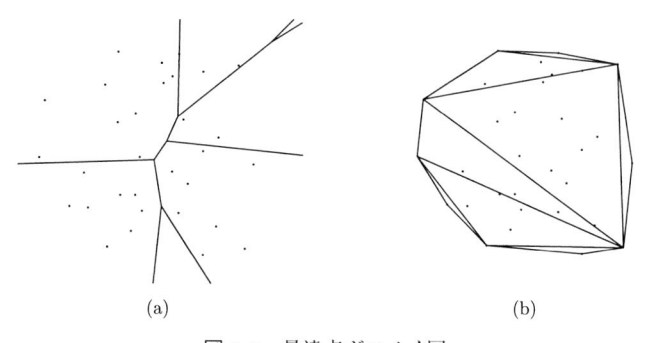

5.2.4 最遠点ボロノイ図

2 点 p_i, p_j に対して，そのユークリッド距離の逆数

$$d(p_i, p_j) = \frac{1}{\sqrt{(x_i - x_j)^2 + (y_i - y_j)^2}} \tag{5.8}$$

を距離とみなす．この距離に関するボロノイ図は，平面上の各点を，それから最も遠い母点へ所属させる平面分割図形となる．これは，**最遠点ボロノイ図** (farthest-point Voronoi diagram) と呼ばれる．最遠点ボロノイ図の例を図 5.6(a) に示す．

次の性質が成り立つ．

性質 5.4 最遠点ボロノイ図においては，母点集合 S の凸包境界上の母点のみが非空なボロノイ領域をもつ．

このことは次のように証明できる．p を平面上の任意の点とし，$p_i \in S$ を S の凸包境界上にはない母点であるとする．p から p_i を通る半直線をのばし，それが交わる S の凸包境界上の辺を e とし，e の端点を p_j, p_k とする．p_j, p_k は S に属し，少なくともその一方は p からの距離が p_i より大きいから，p は p_i のボロノイ領域には属さない．p は任意の点であったから，性質 5.4 が成り立つことが示された．

(a) (b)

図 5.6 最遠点ボロノイ図

q を最遠点ボロノイ図のボロノイ点とし，q を領域境界にもつ母点を p_i, p_j, p_k とする．q は p_i, p_j, p_k から等しい距離にあるから，この3個の母点を通る円を C とおくと，q は C の中心である．さらに，他の母点はより q に近いはずであるから，C の外には，S の点は1つも存在しない．すなわち，C は S のすべての点を含む円となる．このような円を S の包含円 (enclosing circle) という．

ボロノイ図からドロネー図を導いたのと同じように，最遠点ボロノイ図からもう1つの図形を作ることができる．すなわち，最遠点ボロノイ図において領域が隣り合う母点を線分で結ぶ．その結果は，S の凸包内部の多角形分割である．これを，S に対する**最遠点ドロネー図** (farthest-point Delaunay diagram) という．とくに各ボロノイ点がちょうど3個のボロノイ領域の境界点となっている場合は，この多角形分割は三角形分割となる．これを S に対する**最遠点ドロネー三角形分割** (farthest-point Delaunay triangulation) という．最遠点ドロネー図に三角形以外の多角形が含まれる場合には，そこに任意の対角線を入れて三角形分割へ変換したものも，最遠点ドロネー三角形分割という．図 5.6(a) と同じ生成元集合に対する最遠点ドロネー図は，同図 (b) のとおりである．

次の性質が成り立つ．

性質 5.5 母点集合 S を回転放物面 $z = x^2 + y^2$ までもち上げて得られる点集合 S^* の3次元凸包境界面のうちで，外向き法線の z 成分が正のものを xy 平面へ垂直に投影した図形は，S に対する最遠点ドロネー図と一致する．

この性質は次のようにして確認できる．P は，S^* の凸包の境界面で，その外向き法線の z 成分が正であるとする．P は少なくとも3個の頂点をもつから，それを $p_i^*, p_j^*, p_k^* \in S^*$ とする．S^* の残りの点は p_i^*, p_j^*, p_k^* を通る平面より下側（z 成分が小さい側）にある．このとき式 (4.32) で定義される H は，任意の $p_l^* \in S^* \setminus \{p_i^*, p_j^*, p_k^*\}$ に対して $H(p_i^*, p_j^*, p_k^*, p_l) < 0$ となる．そして，このことは，式 (4.12) で定義される G が $G(p_i, p_j, p_k, p_l) < 0$ を満たすことと等価であった．これは，S のすべての点が p_i, p_j, p_k を通る円に含まれることを意味している．したがって，p_i, p_j, p_k の最遠点ボロノイ領域の共通の境界点は最遠点ボロノイ図のボロノイ点となり，それは対応する最遠点ドロネー図における1つのドロネー多角形の頂点をなす．このように，外向き法線の z 成分が正である多角

形 P は，最遠点ドロネー図のドロネー多角形と 1 対 1 対応する．すなわち，性質 5.5 が成り立つ．

したがって，S^* の凸包を作り，外向き法線の z 成分が正の面を集めて，xy 平面へ垂直に投影すれば最遠点ドロネー図が得られる．さらにその双対図形を作れば，S に対する最遠点ボロノイ図が得られる．この性質は，最遠点ドロネー図・ボロノイ図を作るためのアルゴリズムを与えている．

さらに，性質 4.15 と性質 5.5 を合わせると，S^* に対する 3 次元凸包を作ることによって，ドロネー図と最遠点ドロネー図の両方を同時に作ることができる．

5.2.5　ラゲール距離ボロノイ図

S を生成元の集合とし，各 $p_i \in S$ に対して非負実数 w_i が与えられているものとする．一般の点 p と生成元 p_i に対して

$$d(p, p_i) = (x - x_i)^2 + (y - y_i)^2 - w_i^2 \tag{5.9}$$

を p と p_i のラゲール距離 (Laguerre distance)，または p_i が p に及ぼすパワー (power) という．w_i を p_i の重み (weight) という．

図 5.7 に示すように，点 p_i を中心とする半径 w_i の円を考えると，ラゲール距離は，p からこの円に引いた接線の接点までのユークリッド距離の 2 乗と解釈できる．

ラゲール距離に関するボロノイ図は，ラゲールボロノイ図 (Laguerre Voronoi diagram) あるいはパワー図 (power diagram) と呼ばれる．ラゲールボロノイ図の例を図 5.8(a) に示す．ただし，この図には，生成元を中心とする円が示されているが，この円の半径は生成元に付随する重み w_i の大きさを表している．そして，実線の直線分で表されているのが，ラゲールボロノイ図である．

この図からわかるように，ラゲールボロノイ図のボロノイ辺も直線の一部であ

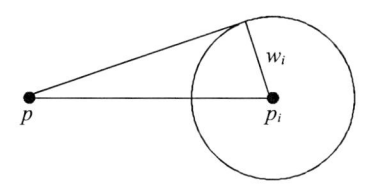

図 5.7　ラゲール距離の 1 つの解釈

(a) (b)

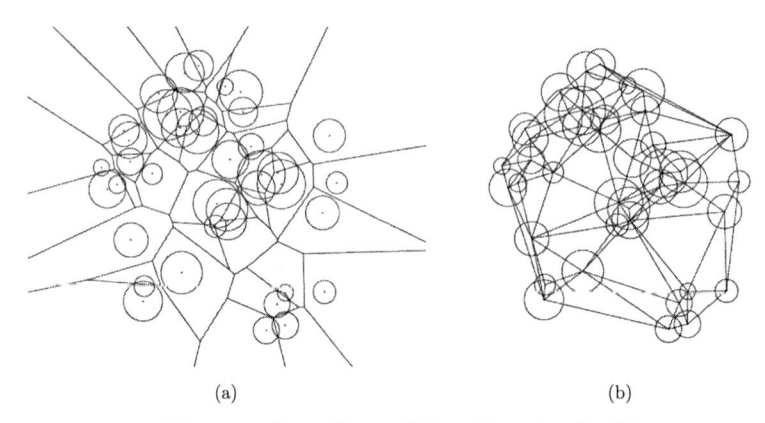

図 5.8 ラゲールボロノイ図とラゲールドロネー図

る．これは，ラゲール距離に関する p_i と p_j の二等分曲線が

$$(x - x_i)^2 + (y - y_i)^2 - w_i^2 = (x - x_j)^2 + (y - y_j)^2 - w_j^2 \qquad (5.10)$$

で表され，これを整理すると1次式

$$2(x_i - x_j)x + 2(y_i - y_j)y - x_i^2 - y_i^2 + w_i^2 + x_j^2 + y_j^2 - w_j^2 = 0 \quad (5.11)$$

となることからわかる．この式から，この直線が p_i と p_j を結ぶ線分に垂直であることもわかる．したがって，さらに，ラゲールボロノイ図のボロノイ領域が凸多角形であることもわかる．

ボロノイ領域が凸多角形であるから，2つのボロノイ領域の共通の境界辺は高々1本である．したがって，やはり双対図形が定義できる．すなわち，図 5.8(b) に示すように，ボロノイ領域が隣り合う母点同士を線分でつないで，もう1つの図形が構成できる．これは S に対するラゲールドロネー図 (Laguerre Delaunay diagram) と呼ばれる．ラゲールドロネー図は，S の凸包の内部を凸多角形に分割した図形である．そしてラゲールドロネー図のドロネー辺は，対応するボロノイ辺と直交している．

ラゲールボロノイ図の生成元 p_i と重み w_i の組は，p_i を中心とし，w_i を半径とする円とみなすことができる．これを円 (p_i, w_i) と表すことにしよう．このとき次の性質が成り立つ．

性質 5.6 円 (p_i, w_i) と円 (p_j, w_j) のラゲールボロノイ領域を隔てるボロノイ辺

は，これら 2 つの円が交わるときには，2 つの交点を両方とも通る．

2 つの円の交点 p においては，両方の円までのラゲール距離はどちらも 0 である．すなわち，距離が等しい．したがって，ラゲールボロノイ辺は p を通る．このことから，上の性質 5.6 が成り立つことがわかる．

性質 5.6 を利用すると，いくつかの円盤が与えられたとき，その和集合の面積と周長を見通しよく計算することができる．実際，次のアルゴリズムが得られる．

アルゴリズム 5.1（円盤の和集合の面積と周長）
入力：n 個の円盤 $D_1, D_2, \ldots, D_n$（円盤 D_i の境界をなす円を $C_i = (p_i, w_i)$, $i = 1, 2, \ldots, n$, とおく）．
出力：$\cup D_i$ の面積 A と周長 L
手続き：
1. $\{C_1, C_2, \ldots, C_n\}$ のラゲールボロノイ図を作り，それぞれの生成元 C_i のボロノイ領域 R_i を求める．
2. $A \leftarrow 0, L \leftarrow 0$ と初期化する．
3. $j = 1, 2, \ldots, n$ に対して次を実行する．
    3.1　$R_i \cap D_i$ の面積を A に加える．
    3.2　$R_i \cap C_i$（これは一般にいくつかの円弧からなる）の弧長を L に加える．
4. A と L の値を報告して，処理を終了する．　　　　□

このアルゴリズムが目的の計算を達成できることは次のようにして理解できる．ラゲールボロノイ図のボロノイ領域 R_i に着目しよう．2 つの円が交差するとき，ラゲール距離に関する二等分曲線（この場合は直線であるが）は，交点を通る．したがって，円盤 D_i が対応するボロノイ領域 R_i からはみ出すときには，はみ出した部分は他の円盤と重なる．一方，円 C_i の弧のうち，他の円盤の内部に入らない部分は対応するボロノイ領域 P_i の内部にある．そこで円盤 D_i のうち，自分のボロノイ領域に属する部分だけを受けもって数え上げるということをすべての円盤について行えば，重複も漏れもなく面積と周長を計算できる．これを手続きの形に表したのが，上のアルゴリズムである．

5.2.6 加重距離ボロノイ図

各母点 p_i に，2つの非負実数 w_i, u_i が指定されているとする．このとき，

$$d(p, p_i) = \frac{1}{u_i}\sqrt{(x-x_i)^2 + (y-y_i)^2} - w_i \tag{5.12}$$

を**加重距離** (weighted distance) という．そして，u_i を**乗法的重み** (multiplicative weight) という．w_i を**加法的重み** (additive weight) という．加重距離に関するボロノイ図を，**加重ボロノイ図** (weighted Voronoi diagram) という．

とくに $u_i = 1, i = 1, 2, \ldots, n,$ のときは，加重距離は

$$d(p, p_i) = \sqrt{(x-x_i)^2 + (y-y_i)^2} - w_i \tag{5.13}$$

となる．この距離は，**加法的加重距離** (additively weighted distance) と呼ばれる．これは，p と p_i のユークリッド距離から w_i を引いた値を距離とみなすものである．言い換えると，母点 p_i を，p_i を中心とする半径 w_i の円とみなし，p からこの円（の最も近い点）までのユークリッド距離を表していると解釈できる．この距離に関するボロノイ図は，**加法的加重ボロノイ図** (additively weighted Voronoi diagram) と呼ばれる．加法的加重ボロノイ図の例を図 5.9 に記した．ただし，ここでは，加法的重みを円の半径で示した．

加法的加重距離に関する二等分曲線は，2つの母点からのユークリッド距離の差が一定となる点の軌跡であるから，双曲線である．

図 5.9 から，このボロノイ図は，生成元を点から円に置き換え，どの円までのユークリッド距離が最も近いかに基づいて平面を分割した図形ともみなせる．そのため，このボロノイ図は**円ボロノイ図** (circle Voronoi diagram) とも呼ばれる．円が大きいほど，対応するボロノイ領域は広くなる．式 (5.12)，(5.13) で w_i の項にマイナスがつけてあるのは，このように，重みが大きいほどボロノイ領域が大きくなるように符号を定めたためである．

式 (5.12) において，$w_i = 0, i = 1, 2, \ldots, n,$ とおくと，加重距離は

$$d(p, p_i) = \frac{1}{u_i}\sqrt{(x-x_i)^2 + (y-y_i)^2} \tag{5.14}$$

となる．この距離は，**乗法的加重距離** (multiplicatively weighted distance) と呼ばれる．この距離に関するボロノイ図は**乗法的加重ボロノイ図** (multiplicatively weighted Voronoi diagram) と呼ばれる．乗法的加重ボロノイ図の例を図 5.10 に

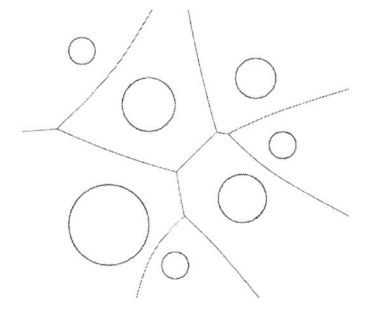

図 5.9　加法的加重ボロノイ図 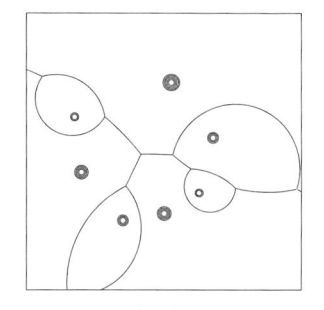　　　図 5.10　乗法的加重ボロノイ図

示した．ここでは乗法重み u_i の値の比を母点を囲む円の個数で表してある．

乗法的加重距離に関する二等分曲線は，2つの母点からのユークリッド距離の比が一定の曲線であるから円である．この円はアポロニウスの円 (Apollonius circle) と呼ばれる．式 (5.12), (5.14) において重み u_i 自身をかけるのではなく，その逆数をかけてあるのは，重みが大きいほどボロノイ領域が広くなるようにしたいためである．

5.2.7　障害物回避距離ボロノイ図

距離にはほかにも多くのバリエーションがあるが，もう1つだけ複雑な距離の例を示そう．平面上に指定されたいくつかの図形（つまり，点集合）の集合を W とする．平面上の2点 p, q に対して

$$d(p,q) = \inf[W \text{ と交差しないで } p \text{ と } q \text{ をつなぐ曲線の長さ}] \quad (5.15)$$

と定義する．これを，障害物 W に対する p と q の**障害物回避距離** (collision-avoidance distance) と呼ぶ．W に属す図形は**障害物** (obstacle) と呼ばれる．式 (5.15) の中の inf は，右辺のカギ括弧の中の数値の下極限を表すが，これは p と q をつなぐ経路として，障害物の内部を通過するものは許されないが，障害物の境界と接触するものは許されることに対応する．障害物回避距離に関するボロノイ図を**障害物回避距離ボロノイ図** (collision-avoidance Voronoi diagram) という．障害物回避距離ボロノイ図の例を図 5.11 に示す．これは，町の中に川が流れていて，川を横切って移動することはできず，対岸へ行くためには橋を通らなければならないという状況をモデル化したものである．したがって，川のうち，橋がか

図 5.11 障害物回避距離と障害物回避ボロノイ図

かっていない領域が障害物である．この図では，黒丸の 3 個の母点からの障害物回避距離が等しい点の軌跡（すなわち等距離曲線）を細い線で示し，ボロノイ領域の境界を太い曲線で表してある．

この距離を計算する 1 つの方法は，微分方程式を利用する方法である．障害物回避距離は，アイコナル方程式と呼ばれる微分方程式の境界値問題の解として定式化でき，高速前進法などを利用して解くことができる[118]．

5.2.8 距離の一般化によるボロノイ図の近似構成法

各種の距離に対するボロノイ図のそれぞれを構成するための算法を考えることもできるが，ここでは，多くの距離に対して適用できる 1 つの汎用的な算法を紹介する．これは，各母点からの距離関数を 3 次元空間の錐体として表し，これに隠面消去アルゴリズムを適用して，ディジタル画像の形式で近似的にボロノイ図を構成する方法である．ユークリッド距離ボロノイ図に対して，図 4.5 で示した方法の一般化である．

与えられた距離を

$$d(p, p_i) = f_i(x, y) \tag{5.16}$$

としよう．ただし，(x, y) は一般の点 p の座標で，f_i は，母点 p_i と距離の定義が与えられると定まる関数である．ここで

$$z = -f_i(x, y) \tag{5.17}$$

で表される曲面を考える．z の値（一般には負の値）z_0 を 1 つ定める．このとき，

$z_0 = -f_i(x, y)$ は母点 p_i からの距離が z_0 となる (x, y) が満たす曲線となる．この曲線は，式 (5.17) で表される曲面を平面 $z = z_0$ で切断したときの断面に現れる．z_0 を動かすと，この断面の形も変わっていき，その全体は一般化された錐体を表すとみなすことができる．ユークリッド距離の場合は，図 4.5 で見たようにこの錐体は円錐である．L_∞ 距離の場合は，図 5.3(a) に示した図の形からわかるように，x 軸，y 軸に平行な正方形を断面にもつ正四角錐である．マンハッタン距離の場合は，図 5.1(a) に示した円からわかるように，x 軸，y 軸と 45 度の角度をもつ正方形を断面とする正四角錐である．他の距離の場合も，それぞれに応じた形の錐体となる．

この錐体の表面の点は z の値が大きいほど，対応する母点に近いことを表す．だから，すべての母点に対して同様の錐体を作り，この錐体の林を上から（すなわち，z 軸正方向の無限遠方から）見下ろしたとき "見える部分" がそれぞれの母点のボロノイ領域に対応する．したがって，この錐体の林に隠面消去処理を施し，その結果をディジタル画像の形で表せば，ボロノイ図の近似図形となる．

障害物回避距離の場合は，この錐体の形自体を求めることが容易ではなく，先に言及した微分方程式による方法は，実はこの錐体を求める手段だったのである．

一方，その他の多くの距離に対しては，その錐体が比較的簡単に求まるので，この方法は実用上有力な算法となる．

5.3 生成元の一般化

次に，ボロノイ図の 3 要素の 2 つ目である生成元の一般化を考えよう．ここでは，距離はユークリッド距離を用いるものとする．

5.3.1 図形を生成元とするボロノイ図

今では，生成元を母点と呼ばれる点として考えてきた．これを一般の図形に置き換えることによって，様々な一般化ボロノイ図が定義できる．$g_1, g_2, \ldots, g_n$ を平面上に指定された n 個の連結な領域とする．これらを生成元とみなし，その集合を S とおく．平面上の任意の点 $p = (x, y)$ と生成元 g_i の距離を

$$d(p, g_i) = \inf_{q \in g_i} d(p, q) \tag{5.18}$$

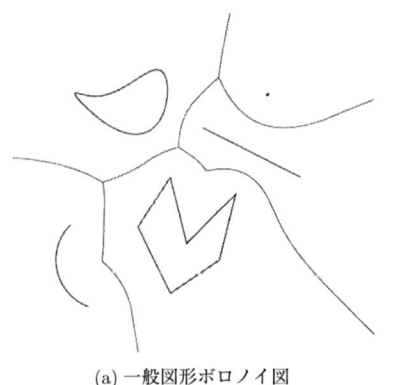

(a) 一般図形ボロノイ図 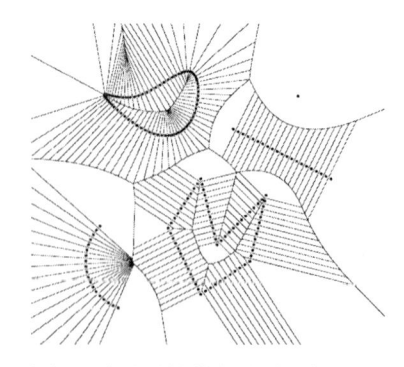　　(b) 生成元を点列に置き換えた場合の点ボロノイ図

図 5.12　一般図形ボロノイ図

で定義する．ただし，右辺の $d(p,q)$ は 2 点 p と q のユークリッド距離である．この距離によって，平面上の点を最も近い生成元の領域へ所属させる平面分割図形を，S を生成元とする**一般図形ボロノイ図** (general-figure Voronoi diagram) という．生成元が特定の図形の場合には，その図形の名前をつけたボロノイ図の名称も用いる．たとえば円を生成元とするボロノイ図を**円ボロノイ図** (circle Voronoi diagram)，線分を生成元とするボロノイ図を**線分ボロノイ図** (line-segment Voronoi diagram あるいは segment Voronoi diagram)，多角形を生成元とするボロノイ図を**多角形ボロノイ図** (polygon Voronoi diagram) と呼ぶなどである．

図 5.12(a) に一般図形ボロノイ図の例を示す．このボロノイ図の生成元には，点，線分，円弧，多角形，曲線で囲まれた図形が混在している．図 5.9 に示した加法的加重ボロノイ図は，円ボロノイ図の例でもある．

一般図形ボロノイ図は，たとえば生成元が地図の中の災害時避難緑地を表すとき，住民がどの緑地へ避難すべきかを表す分割図形と解釈することができる．

一般図形ボロノイ図を構成する汎用の近似算法の 1 つは，点を生成元とするボロノイ図の算法を利用する方法である．たとえば，図 5.12(a) の一般図形ボロノイ図を作りたいときには，図 5.12(b) に示すように，生成元をなす図形の境界上に多数の母点を並べ，その母点に対するボロノイ図を作る．そして，ボロノイ辺のうちで，両側の母点が異なる図形に属するものだけを残す．これによって，一般図形ボロノイ図のボロノイ辺を折れ線で近似することができる．図 5.12(a) のボロノイ図は，図 5.12(b) の点に対するボロノイ図を介して，この方法で作ったも

のである.

5.3.2 高階ボロノイ図

$S = \{p_1, p_2, \ldots, p_n\}$ を母点の集合とする.$L = (p_{i_1}, p_{i_2}, \ldots, p_{i_k})$ を k 個の母点の列とする ($p_{i_j} \in S$, $j = 1, 2, \ldots, k$). そして

$$R(S; L) = \{p \in \mathbf{R}^2 \mid d(p, p_{i_1}) < d(p, p_{i_2}) < \cdots < d(p, p_{i_k}) < d(p, p_l)$$
$$\text{for } p_l \in S \backslash \{p_{i_1}, p_{i_2}, \ldots, p_{i_k}\}\} \tag{5.19}$$

とおく.$R(S; L)$ は,「平面上の点 p で母点を近いものから順に並べると,最初の k 個が $p_{i_1}, p_{i_2}, \ldots, p_{i_k}$ である」という性質をもつもの全体がなす領域である.これを母点リスト L のボロノイ領域という.S の要素で作られる長さ k のすべての列に対して同様の領域を作ると,平面は,これらの領域とその境界へ分割される.この分割図形を S の順序つき k 階ボロノイ図 (ordered order-k Voronoi diagram) という.リスト L の中には対応するボロノイ領域が空集合となるものもある.

図 5.13(a) に順序つき 2 階ボロノイ図の例を示す.図中の黒丸は S の要素を表し,実線は S に対する通常のボロノイ図を表し,実線と破線をあわせたものが,順序つき 2 階ボロノイ図である.この図からもわかるように,順序つき k 階ボロノイ図は,通常のボロノイ図をさらに分割した図形である.

一般に,順序つき 1 階ボロノイ図は通常のボロノイ図であり,$k = 2, 3, \ldots, n$ に対して,順序つき k 階ボロノイ図は順序つき $k - 1$ 階ボロノイ図の細分割図形となっている.

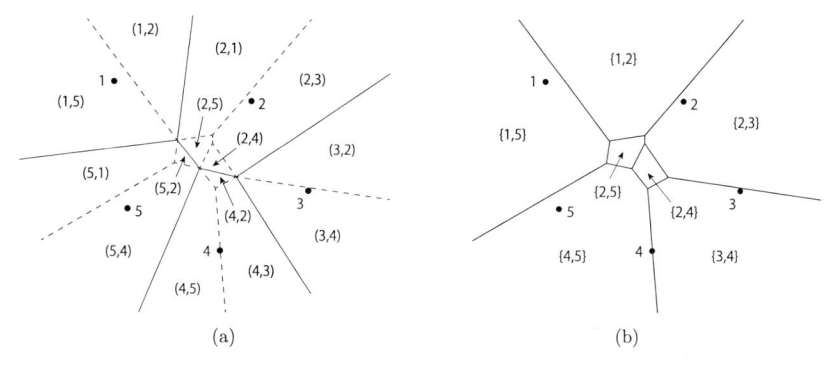

図 **5.13** 順序つき k 階ボロノイ図と(順序なし)k 階ボロノイ図

$T \subset S, |T| = k$ を満たす T に対して

$$R(S; L) = \{p \in \mathbf{R}^2 \mid d(p, p_i) < d(p, p_j) \quad \text{for } p_i \in T \text{ and } p_j \in S \setminus T\} \tag{5.20}$$

と定義する．$R(S; T)$ は，T に属す母点までの距離の方が，T に属さない母点までの距離より小さい点 p を集めてできる領域である．これを，T のボロノイ領域と呼ぶ．S の部分集合で大きさが k のものすべてに対して同様のボロノイ領域を作ると，平面はそれらのボロノイ領域とその境界へ分割される．この分割図形は，S に対する（順序なし）k 階ボロノイ図 ((unordered) order-k Voronoi diagram) と呼ばれる．

すべての $T \subset S, |T| = k,$ に対して T のボロノイ領域が非空となるわけではない．ボロノイ領域が空となるものもある．

図 5.13(b) に順序なし 2 階ボロノイ領域の例を示す．同図の (a) と (b) を見比べるとわかるように，順序なし k 階ボロノイ図は，順序つき k 階ボロノイ図からいくつかのボロノイ辺を除いて得られる．実際，順序つき k 階ボロノイ図を定める母点リストの中の母点の順序を無視し，同じ母点で構成されるリストのボロノイ領域をマージしたものが，順序なし k 階ボロノイ図である．

性質 4.8 で，S に対するボロノイ図が，n 枚の平面でできるアレンジメントを上から見下ろしたとき見える部分を集めたものであることを示した．この平面アレンジメントにおいて，上から k 枚の平面までの構造を拾い集めたものが順序つき k 階ボロノイ図に対応し，上から数えて k 枚目の構造だけを集めたものが順序なし k 階ボロノイ図に対応する．したがって，k 階ボロノイ図は，順序つきも順序なしも，母点に対して式 (4.11) で定義される平面を集めてアレンジメントを作り，そこから対応する構造だけを取り出すという手続きによって構成できる．

5.4 背景空間の一般化

ボロノイ図の 3 要素の第 3 番目である背景空間を平面以外のものに置き換えることによっても，ボロノイ図を一般化できる．その代表例を見ていこう．

5.4.1 3次元ボロノイ図

今までは平面上のボロノイ図を考えてきたが，平面を 3 次元空間へ置き換えてもボロノイ図はそのまま定義できる．$S = \{p_1, p_2, \ldots, p_n\}$ を 3 次元空間 $\mathbf{R}^3$ に指定された n 個の点とする．3 次元空間は，n 個の領域

$$R(S; p_i) = \bigcap_{p_j \in S \setminus \{p_i\}} \{p \in \mathbf{R}^3 \mid d(p, p_i) < d(p, p_j)\}, \quad i = 1, 2, \ldots, n, \quad (5.21)$$

とその境界に分割される．この分割構造を **3 次元ボロノイ図** (three-dimensional Voronoi diagram) という．3 次元空間において，2 つの母点から等しい距離にある点の全体は，その 2 点を結ぶ線分の垂直二等分面である．したがって，ボロノイ領域はこのような平面で区切られた半空間の共通部分であるから，凸多面体である．2 つのボロノイ領域の共通の境界をなす多角形を**ボロノイ面** (Voronoi face) という．

すべての母点から同時に成長を始める結晶を考える．この結晶は，すべての方向へ同じ速さで成長し，隣りの結晶の成長とぶつかったところで，その方向への成長が止まる．この状況で十分に時間がたつと，空間の十分広い領域が結晶ですき間なく埋め尽くされるであろう．1 つひとつの母点から成長した結晶領域は単結晶と呼ばれ，それがこのように集まった構造は多結晶と呼ばれる．3 次元ボロノイ図はこの多結晶構造の数理モデルと解釈できる．

3 次元ボロノイ図に対しても双対図形が定義できる．すなわち 2 つのボロノイ領域がボロノイ面で接するとき，対応する母点を線分で結び，3 つのボロノイ領域の境界がボロノイ辺を共有するとき，対応する 3 つの母点を頂点とする三角形を生成する．これによって，S の凸包内部は S の要素を頂点とする凸多面体に分割される．この分割構造は **3 次元ドロネー図** (three-dimensional Delaunay diagram) と呼ばれる．ドロネー図に含まれる辺，面，多面体は，それぞれドロネー辺，ドロネー面，ドロネー多面体と呼ばれる．S の点が特殊な位置関係になければ，ドロネー多面体は四面体である．

ボロノイ点は，4 個以上の母点から等しい距離にあり，これより近い母点はないから，これら 4 個の母点を通る球は他の母点を内部に含まない．すなわち，空球である．この性質を，双対な言葉では「ドロネー多面体のすべての頂点は同一の球に乗っており，この球は空球である」と言い表すことができる．ドロネー辺とボロノイ面，ドロネー面とボロノイ辺，ドロネー多面体とボロノイ点が，それ

ぞれ 1 対 1 に対応する．

2 次元の場合は，ボロノイ点やボロノイ辺の数が母点数 n に比例する程度であったのに対して，3 次元ではボロノイ図の構造は $\mathrm{O}(n^2)$ の複雑さをもつ場合がある．たとえば，母点の半分が x 軸上に並び，残りの半分が y 軸に平行で点 $(0,0,1)$ を通る直線上に並んでいたとしよう．すなわち，互いにねじれの位置にある 2 本の直線の上に母点が半分ずつ並んでいるとする．このとき，1 つの直線上の隣り合う 2 点と，もう 1 つの直線上の隣り合う 2 点からなる 4 点を通る球は，S の残りの点を含まない．したがって，この 4 点を頂点とする四面体はドロネー四面体となる．このような 4 点の組は

$$\left(\frac{n}{2}-1\right) \times \left(\frac{n}{2}-1\right) = \mathrm{O}(n^2) \tag{5.22}$$

個ある．このように，3 次元ドロネー図は（その結果，3 次元ボロノイ図も）$\mathrm{O}(n^2)$ の複雑さとなる場合がある．

このように，3 次元ボロノイ図は 2 次元ほど簡単ではなく，その上，2 次元ドロネー三角形分割が満たす最小内角最大性に相当する性質は，3 次元ドロネー図では必ずしも満たされない．そのため，計算幾何の観点から，3 次元ボロノイ図は，2 次元ボロノイ図ほどには魅力はない．

次元をさらに上げて一般の d 次元空間でもボロノイ図，ドロネー図が定義できる．しかし，その構造は次元が上がるにつれてさらに複雑になるため，応用上のメリットは少ない．

5.4.2 球面ボロノイ図

ボロノイ図の背景空間の次元を上げると，ボロノイ図自体が複雑になってしまうが，次元は 2 次元のままで，平面を曲面に置き換えることによって，単純でしたがって役に立つ一般化ボロノイ図が得られる．その代表的曲面は球面である．

U を 3 次元空間の原点を中心とする単位球面とする．すなわち $p = (x,y,z)$ として

$$U = \{p \in \mathbf{R}^3 \mid x^2 + y^2 + z^2 = 1\} \tag{5.23}$$

である．任意の曲面とその曲面に含まれる 2 点 p, q に対して，p と q をつなぐ曲面内の経路の最短のものの長さを，この曲面上での p と q の**測地距離** (geodesic distance) という．球面に対しては，$p, q \in U$ を通る大円弧のうち短い方の長さが

5.4 背景空間の一般化

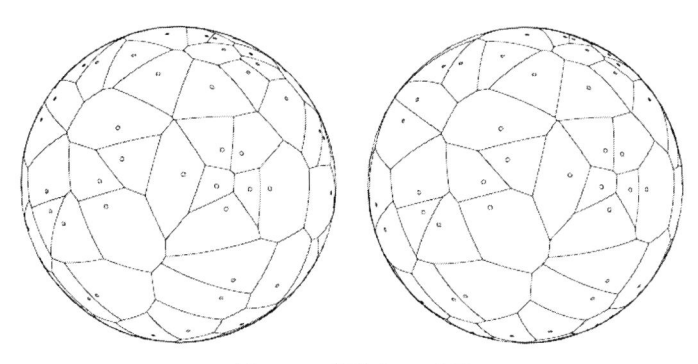

図 5.14 球面ボロノイ図

測地距離である．

$S = \{p_1, p_2, \ldots, p_n\}$ を U 上に指定された n 個の点とする．任意の $p \in U$ に対して，$d(p, p_i)$ を p と p_i の測地距離とする．この距離によって

$$R(S; p_i) = \bigcap_{p_j \in S \setminus \{p_i\}} \{p \in U \mid d(p, p_i) < d(p, p_j)\} \tag{5.24}$$

で定義された領域を，p_i の**球面ボロノイ領域** (spherical Voronoi region) といい，U の球面ボロノイ領域とその境界への分割図形を**球面ボロノイ図** (spherical Voronoi diagram) という．

球面ボロノイ図の例を図 5.14 に示す．ただし，この図は，交差型の両眼立体視図である．左の図を右目で，右の図を左目で見て頭の中で融合させると，立体が浮かび上がる．この方法で球面のうちの見える半球部分を表示したのが図 5.14 である．

球面においては，2 つの母点の二等分曲線もやはり大円である．したがって，ボロノイ領域は大円弧で囲まれた球面多角形となる．このことは，次のように考えると理解できよう．

p_i と p_j を 2 つの母点とする．一般性を失うことなく U を原点の回りで回転させて，図 5.15 に示すように，p_i と p_j が xy 平面に含まれ y 軸に対して線対称の位置となるようにする．このとき，球面全体が yz 平面に対して面対称で p_i と p_j も対応しているから yz 平面と U の交線（すなわち大円）が p_i と p_j の二等分曲線となることがわかる．

さらに，図 5.15 に示すように，p_i と p_j で U に接する接平面を，T_i, T_j とする．

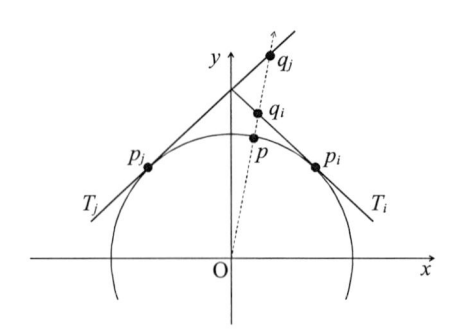

図 5.15 測地距離に関する二等分曲線

T_i と T_j の交線は yz 平面に含まれ，この交線を原点を中心として U へ中心投影した結果が p_i と p_j の二等分曲線に一致する．

また，一般の点 $p \in U$ に対しては，原点から出て p を通る半直線が T_i, T_j と交わる点の原点からの距離は，p_i, p_j から p までの測地距離の単調増加関数となっていることもこの図から読み取れる．すなわち原点から出て p を通過する半直線が T_i, T_j と交わる点を図のように q_i, q_j とすると，原点から q_i の方が q_j より近いから，p からの測地距離は p_i の方が p_j より短い．

この観察結果から次の性質が得られる．

性質 5.7 単位球面 U 上に指定された n 個の点の集合を $S = \{p_1, p_2, \ldots, p_n\}$ とする．S の点を接点とする U への接平面 $T_1, T_2, \ldots, T_n$ を作り，これらの n 枚の平面が作るアレンジメントのうちで原点から見える部分を U へ中心投影したものは，S に対する球面ボロノイ図と一致する．

この性質は，球面ボロノイ図を構成するための算法として利用できる．

5.4.3 流れの中のボロノイ図

流れのある平面を U とする．各点 $p \in U$ に対して流れを表すベクトル $f(p)$ が指定されている．$f(p)$ は場所の関数であるが十分なめらかであるとする．川の表面のように流れを使った水面が U の例である．この場合には，陸地の点 p では $f(p) = 0$ と考える．

U 上の n 個の点の集合 $S = \{p_1, p_2, \ldots, p_n\}$ が，救命ボートの係留されている

5.4 背景空間の一般化

場所を表しているとしよう．U 上のどこかで事故が発生したとき，どのボートが最も早くその場所へ行くことができるかに基づいて U をボートの勢力圏に分割できよう．これもボロノイ図の一種である．この場合は，p_i から p へボートがかけつけるのに要する時間を，p_i から p までの距離と考えればよい．ボートは流れに乗る方向へは速く移動できるが，流れに逆らう方向へ移動するためには時間がかかる．だから，この場合の距離は，場所と方向の両方に依存して変化する．まず，この距離の定義から考えよう．

静水中では，すべての方向へ一定の速度 F で進むことのできるボートを考える．点 p にいるボートが単位ベクトル u で表される方向へ舳先を向けて微小時間 Δt だけ進んだとしよう．流れがなければこのボートは $Fu\Delta t$ だけ進むことができる．今，流れ $f(p)$ があるから Δt 時間の間に $f(p)\Delta t$ だけ流される．その結果，ボートは

$$Fu\Delta t + f(p)\Delta t \tag{5.25}$$

で表される方向と距離だけ進むことになる．したがって，点 p において u 方向へ舳先を向けたボートの速度 $v(p,u)$ は

$$v(p,u) = Fu + f(p) \tag{5.26}$$

である．したがって，点 p において u 方向へ舳先を向けたボートの移動時間は，単位距離当り

$$\frac{1}{v(p,u)} = \frac{1}{|Fu + f(p)|} \tag{5.27}$$

である．

母点 p_i から一般の点 q へ移動するボートの動きを考えよう．p_i を出発する時刻を $t = 0$ とする．そして，その後のボートの舳先が指す方向を表す単位ベクトルを時間の関数とみなして $u(t)$ とする．関数 $u(t)$ が指定されると，時々刻々のボートの舳先方向が定まるから，ボートの経路も定まる．すなわち，$t = 0$ において $p(0)$ を出発したボートのその後の位置は

$$p(t) = p(0) + \int_0^t (Fu(\tau) + f(p(\tau)))\mathrm{d}\tau \tag{5.28}$$

で表すことができる．このボートが，ある時刻 t^* において点 q を通過するならば

$$q = p(0) + \int_0^{t^*} (Fu(\tau) + f(p(\tau)))\mathrm{d}\tau \tag{5.29}$$

112   5. 一般化ボロノイ図

図 5.16 流れの中のボロノイ図

が成り立つ．$p(0)$ から q までのボート航行距離は，これを満たす t^* の最小値であるから

$$\min_u \left\{ t^* \;\middle|\; q = p(0) + \int_0^{t^*} (Fu(\tau) + f(p(\tau))) \mathrm{d}\tau \right\} \tag{5.30}$$

である．

ボート航行距離は，セティアン (Sethian) の高速前進法[118]などによって数値的に求めることができる．

図 5.16 に，流れの中のボート航行距離によるボロノイ図の例を示す．幅一様の川に矢印で示す流れがあるとする．流れは，川の中央で最も速く，川岸へ近づくにつれて遅くなっている．この流れにおいて，いくつかのボートが係留されている点からのボート航行距離の等距離線を細い実線で示し，ボロノイ領域の境界を太い実践で示した．

5.5　章末ノート

ボロノイ図の一般化も多様である．ボロノイ図は，生成元，距離，背景空間の 3 つを指定すると定まる．この 3 つのそれぞれには多くの選択の可能性があり，その組合せはさらに多い．したがって，そのすべてをここで列挙することはできない．代表的なものに絞って，文献を紹介しよう．

ボロノイ図の一般化の議論には，Klein[84]，Okabe et al.[104, 106] などがあり，多くの一般化を概観したものには，Aurenhammer[10]，Aurenhammer and Klein[12] などがある．

5.5 章末ノート

　生成元を点から他の図形に取り替える一般化には，線分ボロノイ図[88]，円ボロノイ図[121]，球ボロノイ図[81]，点集合を生成元とする高階ボロノイ図[24]，複数種類の点の組合せを生成元とするボロノイ図[49] などがある．

　距離をユークリッド距離から他の距離へ置き換えることによるボロノイ図の一般化も多数ある．ただし，ここで距離と呼ぶのは，背景空間中の1点から生成元までの近さを表す指標のことで，必ずしも距離公理を満たすものではない．代表的なものには，マンハッタン距離などの L_p 距離によるボロノイ図[86]，ラゲール距離によるボロノイ図[9,62]，重みつきボロノイ図[11]，障害物回避距離によるボロノイ図[95]，ユークリッド距離の逆数を距離とするボロノイ図[40]，ボート航行距離によるボロノイ図[101,129] などがある．

　背景空間をユークリッド空間から他の空間へ取り替えたものには，球面上のボロノイ図[98]，多角形内部のボロノイ図[3]，双曲空間におけるボロノイ図[108]，リーマン空間におけるボロノイ図[21]，多面体表面におけるボロノイ図[4]，ネットワーク上のボロノイ図[107] などがある．

　ユークリッド距離による平面上の点ボロノイ図とその一般化の間には，密接な関係がある．その最も顕著なものは，ボロノイ図，高階ボロノイ図と，それより1次元高い空間における超平面アレンジメントとの関係であろう．2次元平面に指定された母点の1つひとつに対して，ある方法で3次元空間における平面を対応させると，平面アレンジメントが得られる．このアレンジメントの部分構造を元の2次元平面へ投影することによって，ボロノイ図，高階ボロノイ図，順序つき高階ボロノイ図，最遠点ボロノイ図などが統一的に構成できる．また，母点と平面の対応のさせ方を少し変更すると，ラゲールボロノイ図，高階ラゲールボロノイ図，最遠点ラゲールボロノイ図などが統一的に構成できる．この一連の性質は Edelsbrunner and Seidel[38] に詳しい．このような一般化ボロノイ図の間の横断的関係は，単なる理論的な面白さだけでなく，構成アルゴリズムの統一的な設計法にも役立つ有用なものである．

6

三角形分割とメッシュ生成

　解析解を得ることが難しい偏微分方程式を，数値的に解くためには，有限要素法などを利用しなければならないが，そのためには対象領域を三角形や四面体などの基本要素に分割したメッシュ構造が必要となる．また不規則に配置された点での観測データを補間するときにもメッシュ構造があると便利である．本章では，このように実用的需要の大きいメッシュ構造の生成法を学ぶ．

6.1　ドロネー三角形分割とラプラス平滑化

6.1.1　凸領域の三角形分割

　2次元平面上に指定された n 個の点の集合を $S = \{p_1, p_2, \ldots, p_n\}$ とする．S の凸包内部を，S の要素を頂点に使って三角形に分割したい．ただし，用いる三角形はできるだけ "ふっくら" としたものであってほしい．有限要素法では，領域内部の点での解の値を，メッシュ頂点での値を使って補間するため，細長い三角形の内部では補間の精度が悪くなるからである．

　ただし，"ふっくら" とした三角形という要請は，少しあいまいである．なぜなら，どういう三角形なら "ふっくら" としていると言えるのかが，明確には定められていないからである．実際にいろいろな指標が考えられる．たとえば，三角形の最も長い辺の長さ l とそれを底辺とする高さ h の比 h/l が大きい方がふっくらとしているとか，三角形の外接円の半径 R と内接円の半径 r の比 r/R が大きい方がふっくらとしていると定義するなどである．ふっくらとしていることを表すためにほかにも多くの指標が考えられるが，その多くに対しては，最適なものを見つける効率のよい算法が知られていない．

　唯一の例外が三角形の内角の最小値ができるだけ大きい方がよいという指針である．性質 4.16 で見たように，S を頂点集合とするすべての三角形分割の中で，

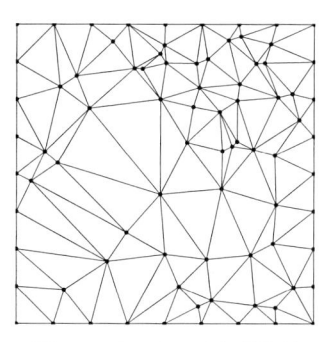

6.1 ドロネー三角形分割とラプラス平滑化

ドロネー三角形分割は，内角上昇列が辞書式順序で最大である．目的と手段の順序が逆ではあるが，内角上昇列が辞書式順序で最大の三角形分割を，最もふっくらとした三角形による三角形分割と呼ぶと定義すると，最適な三角形分割はドロネー図を作ることによって得られる．しかも，ドロネー図は効率よく構成できる．したがって，S が与えられたとき，それを頂点集合とする三角形によるメッシュを生成したい場面では，ドロネー図は有力な候補となる．

図 6.1 は，正方形の境界上に等間隔においた点と内部にランダムに配置した点を母点とするドロネー三角形分割である．これを見るとわかるように，細長い三角形も少なくない．だから必ずしも直感的に考えられる "ふっくら" とした三角形にはなっていない部分がある．

では，この母点集合に対して，他の三角形分割を採用した方がよいかというと，そういうわけではない．ドロネー三角形分割は，最小内角最大性が保証されているから，他の三角形分割を採用するともっと悪くなるはずである．実は，ランダムに配置した母点集合は，そもそもメッシュ生成にはあまり適さない配置なのである．

メッシュが必要とされる実用的現場では，必ずしも S が与えられるわけではない．有限要素法では偏微分方程式の定義域としての領域が与えられる．この領域の境界上に十分に多くの点が配置されていなければならないという制約はあるが，内部の点はおおよその密度が指定されるだけで，どのように配置しても構わない．S をどう配置するかという工夫も含めてよいメッシュがほしいのである．

よりよいメッシュが得られるように母点を動かす代表的方法の1つはラプラス

図 6.1　ドロネー三角形分割

平滑化 (Laplacian smoothing) と呼ばれる方法である．これは S に対するドロネー三角形分割を作った後，内部の各母点 p_i に対して，p_i とドロネー辺でつながれている母点の重心を求め，そこへ p_i を移動させる操作である．図 6.2 には，図 6.1 のメッシュのすべての内部母点にラプラス平滑化を施した結果を示す．同図の (a) はラプラス平滑化を 1 回施した結果で，(b) は 10 数回のラプラス平滑化によって収束した結果である．これを見ると，細長い三角形が減っていることがわかる．また，場所によってメッシュの密度が異なっている．

母点の移動には並列的な方法と逐次的な方法の 2 種類がある．並列的な方法とは，ある時点での母点集合 S を使って各母点の移動先を計算し，すべての計算が終わってから同時に移動して，新しい母点集合 S' を得る方法である．一方，逐次的方法とは，1 つの母点の移動先を計算した時点でその母点の位置を更新し，次の母点の移動先の計算には，この更新した値を使う方法である．前者は並列計算に適しているが，常に最新の情報を利用しているという意味で後者の方が性能がよいと期待できる．ラプラス平滑化は，ドロネー三角形分割によって定まる「隣り」の構造を利用した操作である．一方，ボロノイ図を重心ボロノイ図へ近づけるウォード法を 1 回適用した結果をドロネー三角形分割したのが図 6.3(a) である．また，図 6.3(b) はウォード法を 20 数回施して収束した結果のドロネー三角形分割である．これを図 6.2 と比較すると，ラプラス平滑化が元の母点配置をある程度尊重しながら保守的に動かしているのに対して，ウォード法は，もっと大胆・自由に母点を動かしていると言うことができよう．

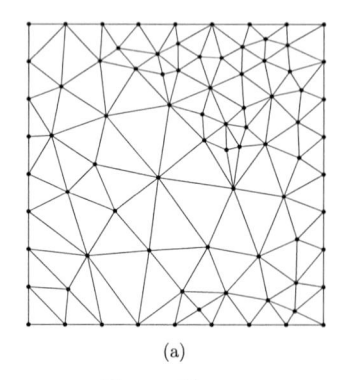

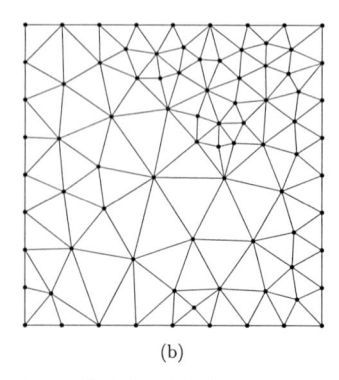

図 **6.2** 図 6.1 のメッシュにラプラス平滑化を施した結果

6.1 ドロネー三角形分割とラプラス平滑化 117

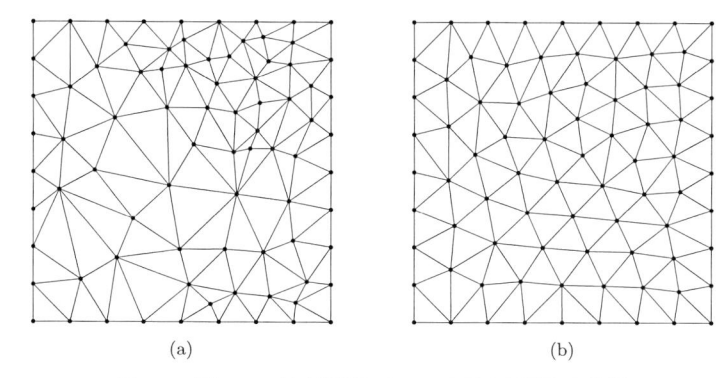

(a) (b)

図 **6.3** 図 6.1 の母点配置にウォード法を適用した結果

6.1.2 制約つき三角形分割

S の凸包内部を三角形に分割するときには，領域の境界（すなわち凸包の境界）は自動的にドロネー辺に含まれる．だから，境界の形をとくに気にすることなく，ドロネー三角形分割を適用することができた．一方，着目する領域が凸とは限らない場合には，単純にドロネー三角形分割を作ると，境界を横切る三角形が現れる可能性がある．そのような不都合が生じる例を，図 6.4(a) に示した．そのような分割は，領域内部の三角形分割ではないため，有限要素法などには使えない．したがって，単純にドロネー三角形分割を作るのではなくて，領域境界辺を必ず使うことを優先し，その条件のもとでよいメッシュを作らなければならない．本項ではその方法について考える．

母点集合 S と，S に属す 2 点をつなぐ線分のある集合 C が指定されているとする．ただし，C に属す線分は，端点を共有することは構わないが，端点以外で

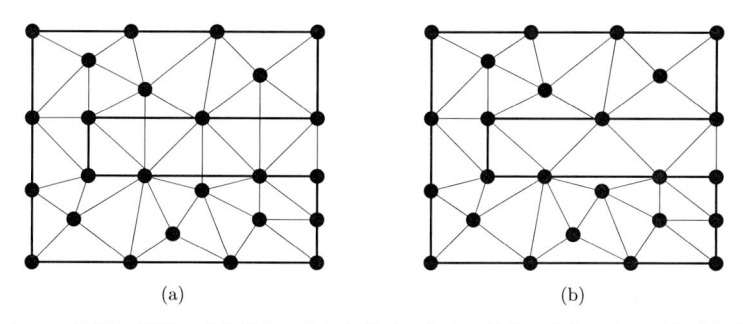

(a) (b)

図 **6.4** 境界を横切る三角形と，それを避けるための制約つきドロネー三角形分割

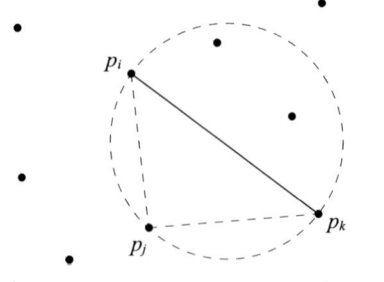

図 6.5 制約つきドロネー三角形

交差することはないものとする．S に対する三角形分割で，C に属す線分がすべて三角形の辺として実現されているものを，C を制約 (constraint) とする**制約つき三角形分割** (constrained triangulation) という．

ドロネー三角形分割は，S に属す 3 点を頂点とし，外接円が S の点を内部に含まないものとして特徴づけることができた．これに対応して，S に属す 3 点を頂点とする三角形で，その外接円の内部で，制約辺より三角形に近い側に S の点が含まれないものを，C を制約とする**制約つきドロネー三角形** (constrained Delaunay triangle) という．

たとえば図 6.5 に黒丸で示した点を母点とし，太線で示した線分が制約であるとする．この図の p_i, p_j, p_k を頂点とする三角形は，その外接円のうち制約辺で仕切られた三角形側の領域に母点はない．したがって，この三角形は，制約つきドロネー三角形である．制約つきドロネー三角形を集めたものは，S の凸包の内部の三角形分割となり，かつ C に属す制約辺はすべて三角形の辺となる．この三角形分割を，**制約つきドロネー三角形分割** (constrained Delaunay triangulation) という．

図 6.4(a) の母点に対して，領域の境界を制約とする制約つきドロネー三角形分割を作った結果が，同図の (b) である．このように領域の境界がドロネー辺で実現されているから，領域の外側の三角形を削除すれば望みのメッシュを得ることができる．

6.1.3 共形ドロネー三角形分割

母点集合 S と制約辺集合 C が与えられたとき，いったん C を忘れて，S に対

するドロネー三角形分割を作った結果が，たまたま C に属す辺をすべて含むということもありうる．このような三角形分割は，C に関する共形ドロネー三角形分割 (conformal Delaunay triangulation) と呼ばれる．

制約が自動的に満たされるというのは虫のいい考え方で，こんなことはめったに起こらず，考えてもしかたがないと感じられるかもしれない．しかし，そうとは限らない．C を眺めながら，S に母点を追加し，共形ドロネー三角形分割を実現できる可能性があるからである．そのために役立つのが次の性質である．

性質 6.1 母点集合 S の中の 2 点 p_i, p_j を結ぶ線分を直径とする円が空円なら，辺 $p_i p_j$ はドロネー辺である．

この性質が成り立つことは次のようにして確認できる．線分 $p_i p_j$ を直径とする円を C としよう．p_i, p_j を通る円であるという性質を満たしたまま，C を連続に変形することを考える．C の中心は，線分 $p_i p_j$ の中点であるが，この中心を $p_i p_j$ の垂直二等分線上を動かすことによって，この変形ができる．変形させていったとき，この円が初めてぶつかる S の点が $p_k \in S \backslash \{p_i, p_j\}$ であるとしよう．この円は S に関して空だから三角形 $p_i p_j p_k$ はドロネー三角形である．したがって，辺 $p_i p_j$ はドロネー辺である．

S と C が与えられたとしよう．任意の制約辺 $p_i p_j \in C$ に着目する．$p_i p_j$ を直径とする円が S に関する空円なら，性質 6.1 より，$p_i p_j$ は S のドロネー三角形分割に含まれる．今，$p_i p_j$ を直径とする円が空円ではないとしよう．このとき，この辺の中点に新しい母点 p_k を追加し，制約辺 $p_i p_j$ を 2 つの辺 $p_i p_k, p_k p_j$ に分割する．この操作によって，着目している制約辺は，長さが半分になるから，それらを直径とする円も小さくなる．したがって，空円に近づくと期待できる．半分の長さにしても空円とはならなかったら，その辺をさらに半分にする．これを，空円が得られるまで繰り返す．すなわち，次のアルゴリズムを考える．

アルゴリズム 6.1（共形ドロネー三角形分割を目指した母点の追加）
入力：母点集合 S と制約辺集合 C [コメント：C に属す辺の端点はすべて S に属すものとする]
出力：母点の追加された集合 $S' (\supset S)$ と，制約辺を細分した制約辺集合 C'
手続き：

1. $S' \leftarrow S, C' \leftarrow C$ と初期化する．
2. C' に属すどの辺もそれを直径とする円が空円ならば，処理を終了する．
3. 制約辺 $pq \in C'$ で，この辺を直径とする円が空円でないものに対して，
   pq の中点 r を S' に追加し，
   $C' \leftarrow (C' \setminus \{pq\}) \cup \{pr, rq\}$ と更新し，
   2 へ進む． □

 このアルゴリズムによっていつも共形ドロネー三角形分割が得られるわけではない．なぜなら，ステップ 2, 3 の繰り返しが無限に続き，終了しない危険性が残っているからである．そのような危険性には次の 2 つのパターンがある．
 第 1 は，初めから制約辺 $pq \in C$ の上に他の点 r が乗っている場合である．この場合には，pq を制約辺としないで，pr, rq の 2 つを制約辺としておけばよい．
 第 2 は，2 つの制約辺が端点を共有する場合である．このときには，一方の辺の中点を追加すると，もう一方の辺を直径とする円がその点を含み，今まで空円であったものが空円でなくなることがある．たとえば，図 6.6 に示すように pq と qr が制約辺であったとしよう．この時点では，qr を直径とする円は空円である．一方，pq を直径とする円は r を含むので，アルゴリズム 6.1 のステップ 2 で pq の中点 s が S に追加される．すると qr を直径とする円が空円でなくなってしまう．そこで qr の中点を追加すると，今度は qs を直径とする円が空円でなくなってしまう．これが交互に繰り返されるため，アルゴリズムは終了しない．この状況は，pq と qr のなす角が 90 度から 270 度の間であれば生じない．

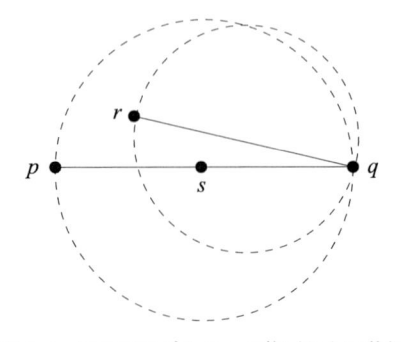

図 6.6 アルゴリズム 6.1 が終了しない状況

以上の観察から次の性質が得られる.

性質 6.2 アルゴリズム 6.1 は，次の (1), (2) が満たされるとき終了する.
(1) 制約辺の途中に S の他の点がない.
(2) 端点を共有する 2 つの制約辺のなす角が 90 度以上 270 度以下である.

上の (1), (2) が満たされる場合は，十分多数の点を追加したあとでは，制約辺を直径とする円は十分に小さくなり，かつ他の制約辺を含まなくなるから，他の制約辺上に追加した点によって空円性が乱されることはなくなる．したがって，性質 6.2 が成り立つ．

性質 6.2 の中の (1), (2) は，アルゴリズム 6.1 が終了するための十分条件であるが，必要条件ではない．とくに (2) は，一般には必要以上に非常に強い条件である．実際，端点を共有する 2 つの辺のなす角が 90 度未満であっても非常に小さい角でなければ，アルゴリズムが終了する場合もたくさんある．したがって，条件 (2) が満たされない場面でも，とりあえずアルゴリズム 6.1 を適用してみるのも無駄ではない．

共形ドロネー三角形分割を目指して母点を追加するためのもう 1 つの方針が考えられる．それは，とりあえず S に対するドロネー三角形分割を作ってみて，制約辺と交わるドロネー辺があれば，その交点を S に追加する方法である．これもアルゴリズムの形にまとめておこう．

アルゴリズム 6.2（共形ドロネー三角形分割を目指すもう 1 つの方法）
入力：母点集合 S と制約辺集合 C
出力：母点の追加された集合 S' ($\supset S$) と，制約辺を細分した制約辺集合 C'
手続き：
1. $S' \leftarrow S, C' \leftarrow C$ と初期化する．
2. S' に対するドロネー三角形分割 D を作る．
3. D が C' に関して共形ドロネー三角形分割となっていれば処理を終了する．
4. D のドロネー辺と交差する制約辺 $pq \in C'$ があれば，その交点 r を S' に追加するとともに，$C' \leftarrow (C' \backslash \{pq\}) \cup \{pr, rq\}$ と更新する．
5. 2 へ進む． □

この方針は，アルゴリズム 6.1 と比べると，追加する母点の位置の決め方だけが異なる．したがって，同様に処理が終了しない危険性は残っている．性質 6.2 と同じように，次の性質が成り立つ．

性質 6.3 アルゴリズム 6.2 も，性質 6.2 の (1), (2) が満たされるとき，終了する．

共形ドロネー三角形分割は，制約に配慮するわずらわしさを回避できるという意味で魅力的である．この簡便さと，母点数が増えることはトレードオフの関係にある．制約つきドロネー三角形分割を直接構成するのがよいか，あるいは共形ドロネー三角形分割を目指して母点を追加するのがよいかは，場面によるであろう．

6.2 正則三角形分割

母点集合 S に対する三角形分割は，ドロネー三角形分割以外にもたくさんある．このうち，性質のよいものを特徴づける次の概念に注目しよう．

$S = \{p_1, p_2, \ldots, p_n\}$ とする．各 $p_i = (x_i, y_i) \in S$ に適当に z 成分 z_i を追加して，3 次元空間の点 $p_i^* = (x_i, y_i, z_i)$ を作り，それらの集合を S^* とする．S^* を S の**垂直もち上げ** (vertical lifting) という．S^* の 3 次元凸包の境界面のうち外向き法線の z 成分が負のものを集めてできる曲面を，S^* の**下側包絡面** (lower envelope) という．

S^* の下側包絡面を xy 平面へ垂直投影してできる構造は，S の凸包内部の三角形分割となる．ただし，S のすべての点が使われているとは限らない．T を S に対する三角形分割とする．S の垂直もち上げ S^* をうまく選ぶと，S^* の下側包絡面の xy 平面への垂直投影が T と一致するようにできるとき，T を**正則三角形分割** (regular triangulation) という．

S のドロネー三角形分割は，S を回転放物面 $z = x^2 + y^2$ まで垂直にもち上げて S^* を作ればその下側包絡面として実現できるから，ドロネー三角形分割は正則三角形分割である．

図 6.7 に，正則ではない三角形分割の例を示す．これが正則でないことを確かめるために，次の性質に着目しよう．

T を，母点集合 S に対する三角形分割とする．平面上の 1 点 p を固定する．

6.2 正則三角形分割

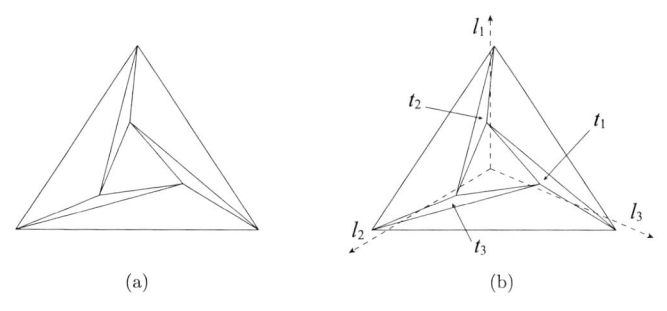

図 **6.7** 正則ではない三角形分割

t_1, t_2 を，T を構成する 2 つの三角形とする．p から出る半直線 l で，t_1 と t_2 の両方をこの順に通過するものがあるとき

$$t_1 \leq t_2 \tag{6.1}$$

と書くことにする．この関係は，点 p に視点をおいてこれら 2 つの三角形を眺めたとき，t_1 が手前にあり t_2 が奥にあることを表していると解釈できる．$\leq$ は T を構成する三角形の集合の中に定義される二項関係である．この二項関係が "すくみ" を生じないとき，すなわち異なる三角形の列 $(t_1, t_2, \ldots, t_k)$ で

$$t_1 \leq t_2 \leq \cdots \leq t_k \leq t_1 \tag{6.2}$$

となるものがないとき，T は視点 p に関して**視線単調性** (ray monotonicity) をもつという．

図 6.7(a) の三角形分割は，視線単調性をもたない．なぜなら同図の (b) に示すように点 p を選ぶと，半直線 l_1 から $t_1 \leq t_2$ が得られ，半直線 l_2 から $t_2 \leq t_3$ が得られ，半直線 l_3 から $t_3 \leq t_1$ が得られるから，

$$t_1 \leq t_2 \leq t_3 \leq t_1 \tag{6.3}$$

と三すくみを生じるからである．

実は，視線単調性をもたない視点が存在する三角形分割は正則ではない．すなわち，次の性質が成り立つ．

性質 6.4 正則三角形分割は，任意の視点に関して視線単調性をもつ．

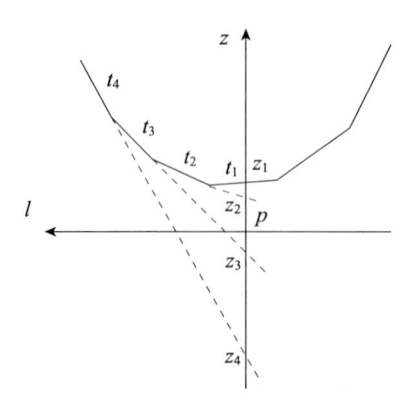

図 6.8 正則三角形分割の視線単調性

この性質は次のようにして確認できる．D を，S を母点集合とする正則三角形分割とし，任意の視点 p から任意の方向へ半直線 l をのばしたとしよう．S は正則だから，S の適切な垂直もち上げ S^* で，その下側包絡面を平面へ垂直に投影すると D と一致するものがある．その S^* の下側包絡面を l を含む垂直な平面で切断してできる切り口は，図 6.8 に示すように下に凸な折れ線となっているであろう．一般性を失うことなく，p が原点に一致するように平行移動したとしよう．D を構成する三角形の 1 つを t_i とする．下側包絡面上で t_i に対応する三角形を延長し，その平面が z 軸を横切る点の z 座標を z_i とする．この対応によって，D に含まれる三角形は z 軸上に一列に並ぶ．今，p から出る半直線 l が通過する D の三角形を，順に $t_1, t_2, \ldots, t_k$ とする．S^* の下側包絡面は下に凸だから，

$$z_1 > z_2 > \cdots > z_k \tag{6.4}$$

が成り立つ．このように，どの半直線に対しても，通過する三角形の順序は，z 軸上に並んだ交点の順序に一致する．したがって，すくみは生じない．

というわけで，すくみを生じている図 6.7 の三角形分割は，正則ではないことが示せた．

正則三角形分割は次のように特徴づけることもできる．

性質 6.5 母点集合 S に関する三角形分割 D に対して，次の (1), (2) は同値である．

(1) D は正則である．

(2) 母点のある重みに対して,D は,そのラゲールドロネー三角形分割となる.

この性質が成り立つことは,少し長くなるが,次のようにして確認することができる.

$i = 1, 2, \ldots, n$ に対して,点 (x_i, y_i) を中心とし,半径が w_i の円を C_i で表す.3つの円 C_i, C_j, C_k からのラゲール距離が等しい点を $q = (x_0, y_0)$ とする.ラゲール距離の定義から

$$2(x_j - x_i)x_0 + 2(y_j - y_i)y_0 = U_j - U_i, \tag{6.5}$$

$$2(x_k - x_i)x_0 + 2(y_k - y_i)y_0 = U_k - U_i \tag{6.6}$$

でなければならない.ただし,

$$U_i = x_i{}^2 + y_i{}^2 - w_i{}^2, \quad i = 1, 2, \ldots, n, \tag{6.7}$$

とおいた.式 (6.5) と式 (6.6) より

$$x_0 = \frac{1}{2A} \begin{vmatrix} U_j - U_i & y_j - y_i \\ U_k - U_i & y_k - y_i \end{vmatrix}, \tag{6.8}$$

$$y_0 = \frac{1}{2A} \begin{vmatrix} x_j - x_i & U_j - U_i \\ x_k - x_i & U_k - U_i \end{vmatrix} \tag{6.9}$$

が得られる.ただし,A は

$$A = \begin{vmatrix} x_j - x_i & y_j - y_i \\ x_k - x_i & y_k - y_i \end{vmatrix} \tag{6.10}$$

である.$i = 1, 2, \ldots, n$ に対して,$p_i = (x_i, y_i)$ の重みを w_i とするとき,これらの重みつき点を生成元とするラゲールボロノイ図を考える.点 $q = (x_0, y_0)$ がこのラゲールボロノイ図のボロノイ点であるとしよう.点 $p = (x, y)$ から円 C_i までのラゲール距離を $d(p, C_i)$ で表すことにする.このとき,C_i, C_j, C_k 以外の任意の円 C_l に対して,q から C_l までのラゲール距離は q から C_i までのラゲール距離より大きいから

$$\begin{aligned} &d(q, C_l) - d(q, C_i) \\ &= (x_0 - x_l)^2 + (y_0 - y_l)^2 - w_l{}^2 - (x_0 - x_i)^2 - (y_0 - y_i)^2 + w_i{}^2 \\ &> 0 \end{aligned} \tag{6.11}$$

でなければならない．この不等式の x_0, y_0 に式 (6.8)，(6.9) を代入すると

$$d(q, C_l) - d(q, C_i) = \left(\frac{1}{2A} \begin{vmatrix} U_j - U_i & y_j - y_i \\ U_k - U_i & y_k - y_i \end{vmatrix} - x_l \right)^2$$

$$+ \left(\frac{1}{2A} \begin{vmatrix} x_j - x_i & U_j - U_i \\ x_k - x_i & U_k - U_i \end{vmatrix} - y_l \right)^2 - w_l{}^2$$

$$- \left(\frac{1}{2A} \begin{vmatrix} U_j - U_i & y_j - y_i \\ U_k - U_i & y_k - y_i \end{vmatrix} - x_i \right)^2$$

$$- \left(\frac{1}{2A} \begin{vmatrix} x_j - x_i & U_j - U_i \\ x_k - x_i & U_k - U_i \end{vmatrix} - y_i \right)^2 + w_i{}^2$$

$$= x_l{}^2 + y_l{}^2 - w_l{}^2 - x_i{}^2 - y_i{}^2 + w_i{}^2$$

$$- \begin{vmatrix} U_j - U_i & y_j - y_i \\ U_k - U_i & y_k - y_i \end{vmatrix} (x_l - x_i)/A$$

$$- \begin{vmatrix} x_j - x_i & U_j - U_i \\ x_k - x_i & U_k - U_i \end{vmatrix} (y_l - y_i)/A$$

$$= \frac{1}{A} \left\{ \begin{vmatrix} x_j - x_i & y_j - y_i \\ x_k - x_i & y_k - y_i \end{vmatrix} (U_l - U_i) \right.$$

$$- \begin{vmatrix} U_j - U_i & y_j - y_i \\ U_k - U_i & y_k - y_i \end{vmatrix} (x_l - x_i)$$

$$\left. - \begin{vmatrix} x_j - x_i & U_j - U_i \\ x_k - x_i & U_k - U_i \end{vmatrix} (y_l - y_i) \right\}$$

$$= \frac{1}{A} \begin{vmatrix} x_j - x_i & y_j - y_i & U_j - U_i \\ x_k - x_i & y_k - y_i & U_k - U_i \\ x_l - x_i & y_l - y_i & U_l - U_i \end{vmatrix}$$

$$= \frac{1}{A} \begin{vmatrix} 1 & x_i & y_i & U_i \\ 1 & x_j & y_j & U_j \\ 1 & x_k & y_k & U_k \\ 1 & x_l & y_l & U_l \end{vmatrix} \tag{6.12}$$

となる（この式変形は前から順に追っていくより後ろから前へ向かって見ていっ

た方が理解しやすいかもしれない).

この式変形の結果,$d(q,C_l) > d(q,C_i)$ となるためには

$$\begin{vmatrix} 1 & x_i & y_i \\ 1 & x_j & y_j \\ 1 & x_k & y_k \end{vmatrix} \times \begin{vmatrix} 1 & x_i & y_i & U_i \\ 1 & x_j & y_j & U_j \\ 1 & x_k & y_k & U_k \\ 1 & x_l & y_l & U_l \end{vmatrix} > 0 \tag{6.13}$$

でなければならないことがわかる.今,反時計回りの2次元座標系を用い,p_i, p_j, p_k がこの順に反時計回りに円上に並んでいるとする.このときには,

$$\begin{vmatrix} 1 & x_i & y_i \\ 1 & x_j & y_j \\ 1 & x_k & y_k \end{vmatrix} > 0 \tag{6.14}$$

であるから,$d(q,C_l) > d(q,C_i)$ となるためには

$$\begin{vmatrix} 1 & x_i & y_i & U_i \\ 1 & x_j & y_j & U_j \\ 1 & x_k & y_k & U_k \\ 1 & x_l & y_l & U_l \end{vmatrix} > 0 \tag{6.15}$$

であることが必要かつ十分であることがわかる.

ここで,3次元空間の点 $p_i{}^*$ を

$$p_i{}^* = (x_i, y_i, U_i) \tag{6.16}$$

で定義し,$S^* = \{p_1{}^*, p_2{}^*, \ldots, p_n{}^*\}$ とおく.すると式 (6.16) は,$p_i{}^*, p_j{}^*, p_k{}^*$ を通る平面より点 $p_l{}^*$ が上(z 成分の大きい側)にあることを意味している.すべての $l = 1, 2, \ldots, n, l \neq i, l \neq j, l \neq k,$ に対して式 (6.16) が成り立つことは,2次元平面上で $C_1, C_2, \ldots, C_n$ を生成元とするラゲールボロノイ図のボロノイ点となっていることを表し,もう一方では,S^* の3次元凸包の下側包絡面を構成する三角形であることを表している.この2つは等価であるから,性質 6.5 が満たされることが確認できた.

6.3 四面体分割

3次元空間に指定された n 個の母点の集合 $S = \{p_1, p_2, \ldots, p_n\}$ に対して,そ

れを頂点に用いて S の凸包内部を四面体に分割した構造を**四面体メッシュ** (tetrahedral mesh) という．四面体メッシュは，3次元で定義された偏微分方程式を有限要素法で解くときに使われる代表的なメッシュである．この場合も，有限要素法の解の精度を劣化させないためには，ふっくらとした四面体による分割が望まれる．

しかし，3次元空間での四面体メッシュは，2次元平面での三角形メッシュと比べると，作るのがはるかに難しい．3次元ボロノイ図の双対図形として定義される3次元ドロネー図は，5点以上の点が同一球面上に並ぶという退化がなければ，四面体分割となる．だから，四面体メッシュを作るための有力な手段である．しかし，ドロネー四面体分割を適用すればよいメッシュが得られるわけではない．なぜなら，2次元のとき成り立った最小内角最大性が，3次元ドロネーメッシュでは必ずしも成り立たないからである．

ふっくらとしていない四面体は，図 6.9 に示す 4 種類に分類できる．(a) は 3 本の長い辺と 3 本の短い辺からなる針のような細長い四面体で，(b) は 4 本の長い辺と 2 本の短い辺からなるやはり細長い四面体である．一方，(c) は 5 本の長い辺と 1 本の短い辺からなる薄っぺらいくさびのような四面体である．これらは，長い辺と短い辺が混じった四面体である．短い辺ぐらいの距離に他の母点があれば，これらの四面体の外接球はその母点を含む可能性が大きいであろうから，これらの四面体はドロネー四面体分割では現れにくいと期待できる．

しかし，ふっくらとしていない四面体はもう 1 種類ある．それは，図 6.9(d) に示したもので，6 本の辺がすべてほぼ同じ程度の長さをもつにもかかわらず，非常に平たい四面体である．この四面体は**スリーバー** (sliver) と呼ばれている[28]．スリーバーは，外接球の半径が辺の長さと同じぐらいの大きさになりうるため，空球である可能性（すなわち，この四面体がドロネー四面体となる可能性）が少な

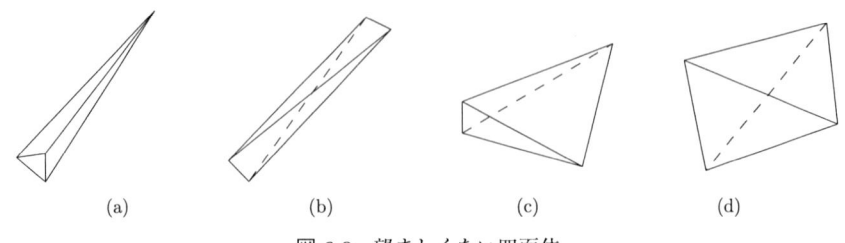

図 6.9 望ましくない四面体

くない．したがって，ドロネー四面体分割では，この第4番目の種類の望ましくない四面体を回避することができず，ドロネー四面体を使わない方が，面と面の交角をより大きくできる場合がある．

にもかかわらず，ドロネー四面体分割以外の四面体分割で，ふっくらとした四面体を多く含むものを構成する効率のよいアルゴリズムはほとんど知られていないため，ドロネー四面体分割に頼らざるをえないという事情がある．そこで，スリーバーの発生しにくい母点配置を選ぶことが，大きな課題の1つである．そのためには，(1) 整数座標をもつ格子点のような規則的な母点配置をなるべく多く使う方法，(2) ドロネー四面体分割を適用したあとでラプラス平滑化を使う方法，(3) 大きさのそろったバブルを領域内に詰め込むシミュレーションを行って，得られるバブルの中心を母点位置とする方法，(4) スリーバーが発生したら，局所的に辺をつなぎかえて，そのスリーバーを消す方法，などが考えられている．しかし，いずれも発見的手法であり，性能を保証できる方法ではない．このように3次元領域のよい四面体メッシュの生成は重要な未解決課題として残されている．

6.4 章末ノート

2次元領域を三角形や四角形に分割するメッシュ，3次元領域を四面体や六面体へ分割するメッシュは，微分方程式を解く有限要素法やコンピュータグラフィクスのための形状表現に使われる重要な幾何構造である．このうち三角形や四面体からなるメッシュは単体メッシュと呼ばれる．一方，四角形や六面体を使う場合は，2次元あるいは3次元の正方格子の一部と同じ接続構造をもったメッシュを作ることが多い．このようなメッシュは，構造メッシュと呼ばれる．ドロネー図は，比較的ふっくらとした三角形を多く含む三角形分割を与えるので，単体メッシュを生成するための基本的道具となっている[18,37,51]．

メッシュ生成においては，メッシュ要素の頂点となる点は比較的自由に配置できる．そこで，できるだけよいメッシュを作るための点の配置法が重要である．このためには，重心ボロノイ図[35]，バブルメッシュ[150]などが有用である．また，すでにできているメッシュを改良するためにはラプラス平滑化などの頂点位置修正法もある[43]．

もう一方で，メッシュ生成を難しくしている制約の1つは，メッシュを構成し

たい領域には境界があり，その境界に沿ったメッシュを生成しなければならないということである．この制約を満たすために使われる主な方針は2つある．1つは領域の境界が必ず要素の境界として実現されるという制約を課す制約つきドロネー三角形分割[13]で，もう1つは通常のドロネー三角形分割を構成しても領域境界が自動的に実現されるように生成元の配置を工夫する共形ドロネー三角形分割[112]である．

　単体メッシュの生成は，2次元と比べて3次元では格段に難しくなる．その理由の1つは，6.3節で述べたようにスリーバーが存在することであるが[28]，もう1つ大きな理由がある．それは，与えられた点集合と境界に対して，必ずしもその点集合を頂点として用いた四面体分割が存在するとは限らないという事情である[113]．このような事情のために，3次元単体メッシュの構成には，克服しなければならない問題がまだたくさん残っている．

7
距離に関する諸問題

　距離は，空間の幾何構造を特徴づける最も基本的な概念である．ユークリッド空間は，そもそもユークリッド距離を使って定義されている．しかし，そのユークリッド空間においても，道路網に沿って距離を測ったり，障害物を避ける最短路で距離を測ったりすることが実用上では意味をもち，そこでの幾何問題は，通常のユークリッド空間とは少し異なる様相を呈する．今までも，距離を取り替えることによって，様々なボロノイ図が定義されることを見てきた．本章では，距離に着目してさらにいくつかの幾何問題について考えてみる．

7.1　ネットワークの最短経路

　まずこの節で，道路網などを抽象化したネットワーク構造の上で，2点を結ぶ最短経路とその長さを求める方法を復習しておこう．これは，本章の次節以降の基礎となるものである．

　有限個の頂点 (vertex)（または節点 (node)）の集合 V と，2個の頂点をつなぐ辺 (edge)（または弧 (arc) または接続辺 (link)）の集合 L の組 (V, L) で定義されるグラフ (graph) を考える．ただし L の要素 e は，V の大きさ 2 の部分集合である．すなわち，$e = \{u, v\} \in L, u, v \in V$ である．さらに，任意の辺 $e = \{u, v\} \in L$ に対して，非負の実数値 $l(u, v) = l(v, u)$ が与えられているとする．この実数値を辺 e の長さ (length) と呼ぶ．三つ組 (V, L, l) をネットワーク (network) と呼ぶ．$e = \{u, v\} \in L$ のとき，u と v を e の端点 (terminal vertex) という．$v \in V$ を端点にもつ辺の数を v の次数 (degree) という．

　$v_0, v_1, \ldots, v_k \in V$ に対して，$\{v_0, v_1\}, \{v_1, v_2\}, \ldots, \{v_{k-1}, v_k\} \in L$ のとき，この辺の列を，v_0 と v_k をつなぐ経路 (path) といい，

$$d = \sum_{i=1}^{k} l(v_{i-1}, v_i) \tag{7.1}$$

を，この経路の長さ (length) という．$v_i, v_j \in V$ に対して，v_i と v_j をつなぐ経路が存在するとき，v_i と v_j は連結 (connected) であるあるいはつながっているという．v_i と v_j をつなぐ経路の中で長さ最小のものを，v_i と v_j をつなぐ最短経路 (shortest path) といい，その長さを v_i と v_j の距離 (distance) という．$\{v_i, v_j\} \in V$ のとき，v_i と v_j は互いに隣り (adjacent) であるという．$v \in V$ と隣り合うすべての頂点の集合を $T(v)$ で表すことにする．

1つの頂点 $v_0 \in V$ を固定し，v_0 から他のすべての頂点までの最短経路とその長さを求める問題を考える．これは，次のアルゴリズムによって求めることができる．このアルゴリズムの中の $d(v)$ は，今までにたどった経路の中で v_0 から v への最短の経路の長さを表す．初期状態では $d(v) = \infty$ $(v \in V \backslash \{v_0\})$ とおく．アルゴリズムが終了したとき，$d(v)$ は，求める最短経路の長さとなる．A は，そこまではたどり着いたが，まだその隣りを調べていない頂点を一時的に蓄えるための記憶場所として使われる．$\mathrm{pred}(v)$ は，v_0 から v へ至る最短経路において，v の1つ前の頂点を表す．

アルゴリズム 7.1（最短路）
入力：連結なネットワーク (V, L, l) と出発頂点 $v_0 \in V$
出力：v_0 から他のすべての頂点までの最短経路とその長さ
手続き：
1. $d(v_0) \leftarrow 0$, $d(v) \leftarrow \infty$　for $v \in V \backslash \{v_0\}$
2. $A \leftarrow \{v_0\}$
3. A に属す頂点で d の値が最小のもの v を A から除く．
4. すべての $w \in T(v)$ に対して 4.1 を行う．
    4.1　$d(w) > d(v) + l(v, w)$ なら，(1), (2), (3) を実行する．
       (1) $d(w) \leftarrow d(v) + l(v, w)$
       (2) $\mathrm{pred}(w) \leftarrow v$
       (3) $A \leftarrow A \cup \{w\}$
5. $A = \emptyset$ なら処理を終了する．そうでなければステップ3へ行く．　　□

このアルゴリズムの各ステップの直感的な意味は次のとおりである．ステップ1では d を初期化し，ステップ2で A に v_0 を登録する．ここまでが初期化で，ステップ3から5がアルゴリズムの主要部となる反復処理である．ステップ3では，A から $d(v)$ の値が最小のものを取り出す（すぐあとで示すように，この時点で $d(v)$ の値は v_0 から v までの最短経路の長さとなっている）．ステップ4では，v の隣りの頂点 w に対して，それ以前に見つかっている v_0 から w までの経路の長さ $d(w)$ と，v_0 から v までの最短経路をたどったあとで v から w へ行く経路の長さ $d(v)+l(v,w)$ とを比べて，後者の方が短ければ，経路を更新する処理を (1), (2), (3) に分けて行っている．(1) は経路の長さの更新，(2) はその経路を w から逆にたどるための情報の更新，(3) はのちに隣りを調べる必要があるために w を A に入れる処理である．ステップ5では，まだ調べるべき頂点が残っているか否かによって，終了するか反復処理へ戻るかを判定している．

次の性質が成り立つ．

性質 7.1 アルゴリズム 7.1 のステップ3で，A から取り出した v に対して，$d(v)$ はこの時点で v_0 から v への最短経路の長さを表す．

証明 この性質は，ステップ 3, 4, 5 の反復回数に関する帰納法で次のように示すことができる．ステップ 3, 4, 5 の反復回数を k とする．$k=1$ のときはステップ3で v_0 が選ばれ，その前にステップ1で $d(v_0)=0$ という値を与えてあるから，v_0 からその点自身までの最短経路の長さに一致している．今，$k-1$ 回目までの反復において性質 7.1 が成り立っていると仮定する．k 回目の反復で v が A から取り出され，$d(v)$ が最短経路の長さではなかったとしよう．このとき，図 7.1 に示すように，v_0 から v までの最短経路が別に存在する．その経路の長さを d' としよう．

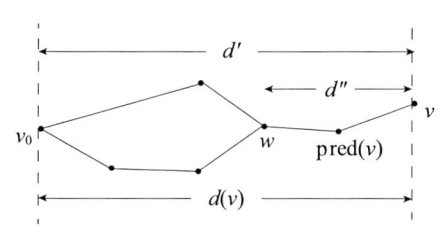

図 7.1 2 つの経路の比較

$$d' < d(v) \tag{7.2}$$

である．最短経路を v から v_0 へ向かってたどるとき，v から pred をたどって v_0 へ向かう経路と初めて異なる直前の頂点を w としよう．v から w までは 2 つの経路が一致する．この経路の長さを d'' としよう．このとき，式 (7.2) より

$$d' - d'' < d(v) - d'' = d(w) \tag{7.3}$$

である．これは，$k-1$ 回の反復までのうちに A から取り出した頂点 w に関して $d(w)$ が v_0 から w までの最短経路の長さではないことを意味し，帰納法の仮定に反する．したがって，$d(v)$ より短い経路が存在するという仮定は間違っており，性質 7.1 が証明できた．

アルゴリズム 7.1 が終了した時点で，各 $v \in V$ に対して $d(v)$ が v_0 から v までの最短経路の長さを表す．また，最短経路自体は，$v, \text{pred}(v), \text{pred}(\text{pred}(v)), \ldots$ と，v から v_0 まで pred の情報をたどることによって得られる．

次に，アルゴリズム 7.1 の時間複雑度を評価しよう．$|V|=n, |L|=m$ とおく．ステップ 1 は $O(n)$ で，ステップ 2 は $O(1)$ で実行できる．A に頂点を登録するときには，$d(v)$ の値をキーとするヒープ構造[1]を採用することにする．これによって，A に 1 つの頂点を追加する処理も，A から $d(v)$ が最小の頂点を取り出す処理も，共に $O(\log n)$ で実行できる．したがって，ステップ 3 は $O(\log n)$ で実行できる．ステップ 4 で選んだ 1 つの頂点 w に対して，ステップ 4.1 の (1), (2) は $O(1)$ で実行でき，(3) はヒープ構造への頂点の追加だから $O(\log n)$ で実行できる．ステップ 3, 4, 5 が反復される回数は n 回である．なぜなら，1 回の反復ごとに 1 つの頂点 v に対して，v_0 から v までの最短経路の長さが確定し，頂点は n 個あるからである．一方，ステップ 4 で選ばれる w の数は，反復ごとに異なるが，隣りの頂点をたどるという操作は，1 本の辺当り 2 回（一方の端点から他方をたどる場合と，その逆向きにたどる場合）であるから，すべての反復で選ばれる個数の合計は $2m$ である．

ネットワークは連結であるから $m \geq n-1$ である．以上の考察から，アルゴリズム 7.1 の時間複雑度は

$$O(n) + n \cdot O(\log n) + m \cdot O(\log n) = O(m \log n) \tag{7.4}$$

となる．

アルゴリズム 7.1 では，出発頂点 v_0 から他のすべての頂点までの最短距離を求めた．一方，2 頂点 v_0, v_t の間の最短経路だけがほしいという場面もある．その場合にはアルゴリズム 7.1 を少し変更すればよい．すなわち，アルゴリズム 7.1 のステップ 3 において A から取り出す頂点 v が $v = v_t$ であれば，その時点で処理を終了する．このときの $d(v_t)$ が，求める最短経路の長さとなる．

7.2 ネットワークボロノイ図

ネットワーク上にいくつかの母点が指定されたとき，最短経路の長さで測ってどの母点に最も近いかによって，ネットワークをそれぞれの母点のボロノイ領域とその境界へ分割することができる．この分割構造はネットワークボロノイ図 (network Voronoi diagram) と呼ばれる．これは，移動が道路網に沿ってしかできないという環境で施設などの勢力圏を考える際に有用である．ここでは，この構成算法を考えよう．

いくつかの準備をしよう．第 1 に，母点集合 S はネットワークの頂点集合 V の部分集合であるとする．辺の途中の点を母点位置にしたい場合は，その位置に新しい頂点を追加し，辺を 2 つに分割すればよいから，このように仮定しても一般性は失われない．

第 2 に，ネットワークボロノイ図は，必ずしもネットワークの分割とはならないことに注意しなければならない．図 7.2 に示すように，頂点 v_1 から長さの等しい 4 本の辺がのびているネットワークにおいて，3 本の辺のもう一方の端点 p_1, p_2, p_3 が母点で，残りの 1 つの辺のもう一方の端点が v_2 であるとしよう．このとき，辺

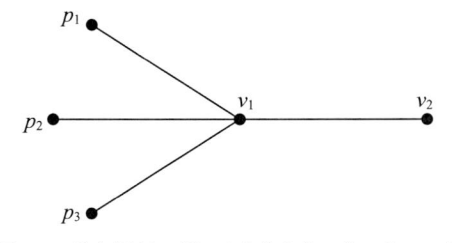

図 **7.2** 勢力圏が一意には定まらないネットワーク

$\{v_1, v_2\}$ 上の点は，p_1, p_2, p_3 から等しい距離にある．したがって，この辺が所属するボロノイ領域は確定しない．

このような状況は，2つの母点から等しい距離に次数 3 以上の頂点が存在する場合に発生する．以下では，そのような状況にはないネットワークを考える．

ネットワークボロノイ図は次のアルゴリズムで構成できる．ただし，アルゴリズム中の tree-edge(e) は，$e \in E$ がいずれかの母点からの最短経路上の辺なら値 1 をとり，そうでなければ値 0 をとる．また $g(v), g(e)$ は，頂点 v や辺 e が属すボロノイ領域の母点を表す．

アルゴリズム 7.2（ネットワークボロノイ図）

入力：連結なネットワーク (V, L, l) と母点集合 $S \subseteq V$

出力：S に対するネットワークボロノイ図

手続き：

1. 新しい頂点 v_0 と，v_0 と S に属すそれぞれの頂点をつなぐ新しい辺 $\{v_0, p_i\}$, $p_i \in S$ を作り，$l(v_0, p_i) = 0$ とおく．
2. すべての辺 e に対して，tree-edge$(e) = 0$ とおく．
3. v_0 を出発頂点として，アルゴリズム 7.1 によって，すべての頂点までの最短経路とその長さ $d(v), v \in V$ を求める．
4. すべての $v \in V$ に対して，v から最短経路を逆にたどるとき通過する母点を $g(v) \in S$ とおく．またこのとき 1 回でもたどった辺 e に対して，tree-edge$(e) = 1$ とおく．
5. 各辺 $e = \{u, v\} \in L$ に対して，次を行う．

    5.1 tree-edge$(e) = 1$ なら，$g(e) \leftarrow g(v)$ とおく．

    5.2 tree-edge$(e) = 0$ なら，$d(u) + l(u, p) = d(v) + l(v, p)$ を満たす e 上の点 p において，e を 2 つの辺に分割し，一方を $e' = \{u, p'\}$, $e'' = \{v, p''\}$ とおく．ただし p', p'' は p と同じ位置を占めるが異なる頂点であるとみなし，したがって，e' と e'' は連結していないとみなす．そして $g(e') \leftarrow g(u), g(e'') \leftarrow g(v)$ とおく． □

これによって，入力ネットワークは，S に属す母点のボロノイ領域とその境界に分割される．出力ネットワークの各頂点 v と各辺 e に対して，$g(v)$ と $g(e)$ が，最も近い母点を表し，したがってこの母点のボロノイ領域に属すことを表す．

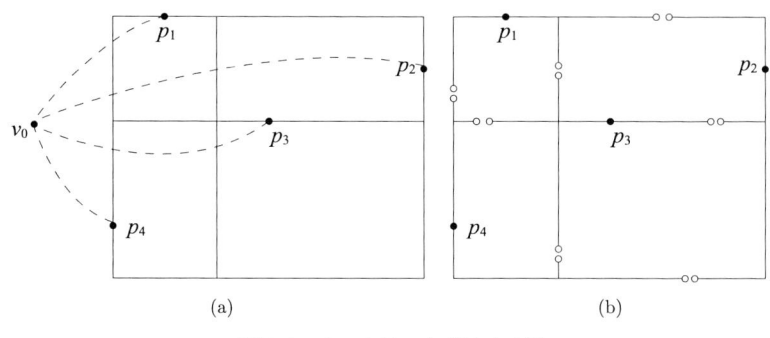

図 7.3 にネットワークボロノイ図の例を示す．(a) の実線は入力ネットワークを表し，p_1, p_2, p_3, p_4 が母点を表す．また，頂点 v_0 と，v_0 から母点へのびる破線は，アルゴリズム 7.1 のステップ 1 で加えた頂点と辺を表す．(b) はアルゴリズムで得られるネットワークボロノイ図である．ただし，2 つのボロノイ領域の境界には，同一の位置を占める 2 つの頂点が作られるが，それらがつながっていないことを表すために，図では少し位置をずらして表示した．

たとえば，母点が救急病院の位置ならば，ネットワークボロノイ図は住民にとって最も近い救急病院の情報を表す．母点が小学校の位置ならば，そのネットワークボロノイ図は，住民にとって最も近い小学校を利用できる学校区を表す．また，母点が救急車の待機位置を表すならば，ネットワークボロノイ図はそれぞれの救急車の受け持ち区域を表す．このように，ネットワークボロノイ図は，道路網を利用して人が移動する場合の勢力圏図であり，地理情報処理の基本的道具である．

7.3 障害物回避経路と可視グラフ

平面 $\mathbf{R}^2$ 上に，いくつかの多角形 $P_1, P_2, \ldots, P_k \subseteq \mathbf{R}^2$ が指定されたとしよう．ただし，これらの多角形は共通部分をもたないとする．また，どの多角形にも属さない 2 点 $v_\mathrm{s}, v_\mathrm{t} \in \mathbf{R}^2 \backslash (P_1 \cup P_2 \cup \cdots \cup P_k)$ が与えられたとする．v_s と v_t をつなぐ曲線で $P_1, P_2, \ldots, P_k$ の内点を通らないものを，v_s と v_t をつなぐ**障害物回避経路** (collision-avoidance path) という．障害物回避経路の中で長さの最も短いものを**障害物回避最短経路** (collision-avoidance shortest path) という．これ

を見つける問題を考える．

　v_s と v_t をつなぐ 1 つの経路が見つかったとしよう．この経路は多角形 $P_1, P_2, \ldots, P_k$ を通らない．そこで仮想的に，この経路を伸び縮みしないひもで作ったと考え，このひもの一端を v_s に固定してゆっくり引っ張ったとしよう．ただし，ひもが v_t を通るという状態は保ったまま引っ張るものとする．引っ張ったひもは多角形 $P_1, P_2, \ldots, P_k$ に接触したらそこでひっかかり，これらの多角形の内部へは入り込まないものとする．ひもをぴんと引っ張った状態に達したら，それが局所的には最も短い経路となるだろう．つまり，最初の経路と同じように多角形障害物の間をぬっていくという条件のもとで最も短い経路となる．ただし，これが最短の障害物回避経路であるとは限らない．別のすき間を通ればもっと短い経路が存在するかもしれないからだ．

　このひもをぴんと張った状態として得られる局所的な最短経路は，v_s, v_t および多角形の頂点を結ぶ線分で多角形の内部を通らないもの（多角形の辺と一致することは構わない）をつないで構成されているであろう．この観察から，最短経路を構成する可能性のある線分からなる次のようなグラフを考えることができる．

　2 点 v_s, v_t と多角形 $P_1, P_2, \ldots, P_k$ のすべての頂点を集めた点集合を V とおく．2 点 $p, q \in V$ に対して，線分 pq が $P_1, P_2, \ldots, P_k$ のいずれの内部も通過しないとき辺 $\{p, q\}$ を設ける．すなわち，辺集合 E を

$$E = \{\{p, q\} \mid p, q \in V, \text{線分 } \overline{pq} \text{ は } P_1, P_2, \ldots, P_k \text{ の内部を通過しない}\} \tag{7.5}$$

と定める．E は，多角形のすべての辺を含む．V を頂点集合とし，E を辺集合とするグラフ (V, E) を**可視グラフ** (visibility graph) という．

　図 7.4 に多角形 P_1, P_2, P_3 と v_s, v_t に対する可視グラフを示す．この図の実線は多角形の境界辺を表し，破線は多角形の境界ではない E の要素を表す．図の実線と破線の線分すべてを集めたものが E である．

　可視グラフにおいて v_s から v_t までの最短経路を求めれば，それが，障害物回避最短経路である．このことをアルゴリズムとしてまとめておこう．

アルゴリズム 7.3（障害物回避最短経路）
入力：平面上の 2 点 v_s, v_t と障害物多角形 $P_1, P_2, \ldots, P_k$
出力：v_s から v_t までの障害物回避最短経路

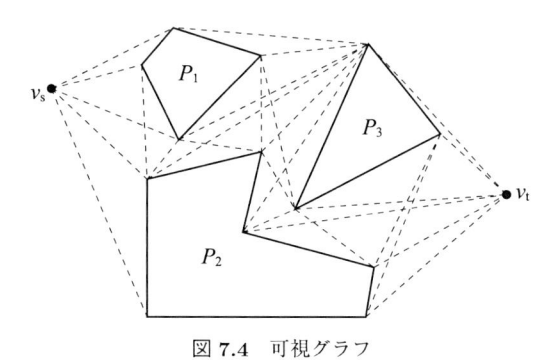

図 7.4 可視グラフ

手続き:
1. $v_s, v_t, P_1, P_2, \ldots, P_k$ に対する可視グラフ (V, E) を作る.
2. 可視グラフのすべての辺 $e \in E$ に対して,その線分としての長さを $l(e)$ とおく.
3. ネットワーク (V, E, l) において v_s から v_t への最短経路を見つけて,それを出力する. □

このアルゴリズムの時間複雑度を評価しよう.多角形 $P_1, P_2, \ldots, P_k$ の頂点の数の総和を n とする.$|V| = \mathrm{O}(n)$, $|E| = \mathrm{O}(n^2)$ である.多角形の辺をすべて集めてできる集合を E_0 ($\subset E$) とする.$|E| = n$ である.ステップ 1 は $\mathrm{O}(n^3)$ で実行できる.なぜなら,点の対が $\mathrm{O}(n^2)$ あり,そのそれぞれに対して,E_0 の辺と交差するか否かを判定するために,さらに $\mathrm{O}(n)$ の時間がかかるからである.ステップ 2 は $\mathrm{O}(n)$ で実行できる.ステップ 3 は $\mathrm{O}(n^2 \log n)$ で実行できる.したがって,ステップ 1 が最も時間がかかり,全体の時間複雑度は $\mathrm{O}(n^3)$ である.

7.4 骨格線の抽出

$X \subseteq \mathbf{R}^2$ を,平面上の有界で連結な領域とする.X は,直感的には図形を表すものと考え,その図形の境界上の点はすべて X に含まれるものと仮定する.X の境界を ∂X で表す.X に含まれる円で,∂X と 2 個以上の共通点をもつものの中心をすべて集めた点集合を $S(X)$ とおく.$S(X)$ を X の **骨格線** (skeleton) という.

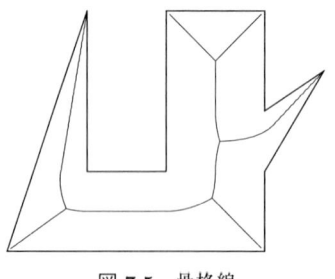

図 7.5　骨格線

図 7.5 に，骨格線の例を示した．

骨格線は，動物から肉をそぎ落としたあとに残る骨格のように，図形 X のおおまかな形を表すものとみなすことができる．骨格線という名称もこのイメージからつけられたものである．

X の骨格線 $S(X)$ の各点 $p \in S(X)$ に対して，p を中心とし，X に含まれ，∂X と 2 個以上の点を共有する円が存在する．この円の半径を $r(p)$ とおく．一般の点 $p \in \mathbf{R}^2$ と非負実数 r に対して，p を中心とする半径 r の円盤を $\mathrm{disk}(p,r)$ で表す．すなわち

$$\mathrm{disk}(p,r) = \{q \in \mathbf{R}^2 \mid d(p,q) \leq r\} \tag{7.6}$$

である．ただし，$d(p,q)$ は 2 点 p,q のユークリッド距離を表す．骨格線 $S(X)$ とその各点 $p \in S(X)$ において対応する円の半径 $r(p)$ から元の図形 X を復元できる．すなわち，次の性質が成り立つ．

性質 7.2　図形 $X \subseteq \mathbf{R}^2$ の骨格線 $S(X)$ は

$$X = \bigcup_{p \in S(X)} \mathrm{disk}(p, r(p)) \tag{7.7}$$

を満たす．

式 (7.7) の右辺は，点 p を中心とし，X の境界までの最小距離に相当する $r(p)$ を半径とする円盤が，p を $S(X)$ 上を動かしたとき掃く領域を表す．これがすなわち図形 X である．このように骨格線とその上の関数 $r(p)$ から元の図形が復元できるので，$S(X)$ は X の概形を表すとみなすことができる．

骨格線は，2 つの図形の近さを測ったり，図形を分類したりするパターン認識処

理のために役立つ情報を含んでいるといえるであろう．しかし，定義にそった骨格線自体は，図形の概形を含むが，それ以外の情報も含んでいる．すなわち，図形 X の境界に細かい出入りがあると，そこからひげのような枝がのびてしまう．パターン認識などへ応用するときには，これらのひげはない方が望ましい．ひげを除く方法には多くのものが提案されているが，主要な骨格のみを安定して残すためには，次の方法が優れている．

X を有界で連結な図形とする．図 7.6 に示すように X の境界 ∂X は X を外側から囲む 1 つの閉曲線と，穴を囲む 0 個以上の内側の閉曲線からなる．∂X 上の 2 点 p, q に対して，曲線 ∂X に沿って測った p と q の距離 $d_{\partial X}(p, q)$ を次のように定義する．p と q が同じ閉曲線に含まれる場合は，この閉曲線に沿って p と q をつなぐ経路は 2 つ存在するが，そのうちの短い方の長さを $d_{\partial X}(p, q)$ とする．一方，p と q が異なる閉曲線に含まれる場合は $d_{\partial X}(p, q) = \infty$ と定義する．

p を，図形 X の骨格線 $S(X)$ に属す点とする．p から ∂X までの最短距離を達成する点は 2 個以上ある．これらの点を $q_1, q_2, \ldots, q_k$ $(k \geq 2)$ とする．値 $w(p)$ を

$$w(p) = \max\{d_{\partial X}(q_i, q_j) \mid 1 \leq i < j \leq k\} \tag{7.8}$$

で定義する．

$w(p)$ は，p を中心とする円で，∂X 上の 2 個以上の点と交わるものの交点の境界に沿って測った距離である．図 7.6 の例では p_1 においては比較的小さい値，p_2 においては比較的大きい値，p_3 においては ∞ である．これらの例からも，$w(p)$ は，骨格線上の点 p の重要さを表していると考えることができる．

そこで，ある閾値 T を定め

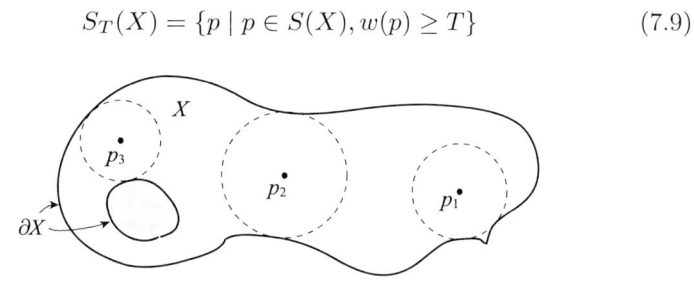

$$S_T(X) = \{p \mid p \in S(X), w(p) \geq T\} \tag{7.9}$$

図 **7.6** 図形の境界線と 2 点以上で交わる円

と定義する．$S_T(X)$ は，骨格線の点のうち重要度 T 以上の点のみを集めたものである．T を大きくしていくと，$S_T(X)$ は単調に減少していく．このとき，どの T の値に対しても，$S_T(X)$ においては，「比較的重要ではない点が残されたまま重要な点が除かれるということはない」ことが，保証される．次にこのことを見ておこう．

c を，図形 X 内の閉曲線とする．c を X 内で連続に変形していって閉曲線 c' へ到達できたとする．このとき，c と c' はホモトピー同値 (homotopically equivalent) であるという．c_1 と c_2 がホモトピー同値であるとき $c_1 \sim c_2$ と書く．図 7.7 の例では，閉曲線 c_1 と c_2 はホモトピー同値であるが，c_1 と c_3 はホモトピー同値ではない．

c_1 と c_2 が点 p から出発して p へ戻る 2 つの閉曲線とする．このとき，c_1 のあとに c_2 をたどる曲線も 1 つの閉曲線となる．これを c_1 と c_2 の連接 (concatination) と呼び，$c_1 \cdot c_2$ で表す．図 7.8(a) における c_1 と c_2 の連接 $c_1 \cdot c_2$ は，同図 (b) における c_3 とホモトピー同値である．

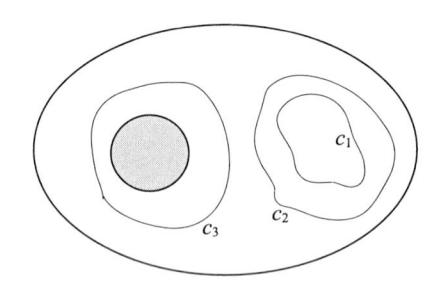

図 7.7 ホモトピー同値

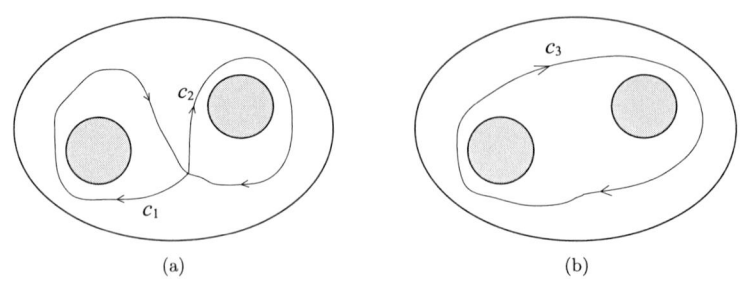

図 7.8 閉曲線の連接演算

X に含まれるすべての閉曲線の集合を $C(X)$ とする．ホモトピー同値という 2 項関係 $\sim$ は，$C(X)$ の中の同値関係である．したがって，同値類の集合 $C(X)/\sim$ が定義できる．また $C(X)$ の中の連接・という演算は，同値関係 $\sim$ と両立するので，同値類の集合 $C(X)/\sim$ にもそのまま導入できる．すなわち，図形 X に対して，閉曲線の同値類集合 $C(X)/\sim$ が演算・をもった構造として定義できる．

図形 Y に対しても同様に $C(Y)/\sim$ と・が定義できる．演算・のもとで，$C(X)/\sim$ と $C(Y)/\sim$ が同型のとき，図形 X と Y はホモトピー同値 (homotopically equivalent) であるという．X と Y がホモトピー同値であるとは，穴の回りのひものからみ方が X と Y で同じパターンを呈していることを表す．すなわち連続な変形で X と Y が移り合うことを意味していると解釈できる．

次の性質が成り立つ．

性質 7.3 X を有界で連結な図形とし，T を非負実数とする．$S_T(X) \neq \emptyset$ ならば，$S_T(X)$ は X とホモトピー同値である．

この性質の証明は，坂井[115]などを参照されたい．

図 7.9 に $S_T(X)$ の振舞いの例を示す．この図の (a) は図形 X とその骨格線 $S(X)$ である．∂X が出入りの多い曲線であるため，$S(X)$ は多くの枝をもっている．(b) は小さめの閾値 T を用いて作った $S_T(X)$ を表し，(c) は大きめの T を用いて作った $S_T(X)$ を表す．T が大きくなると，∂X の小さな出入りによる枝が除かれるが，主要な部分は安定して残っていることがわかる．

図形の分類などのパターン認識への応用には，骨格線 $S(X)$ を直接使うのではなく，骨格線の主要部分 $S_T(X)$ を抽出してから使うのがよい．

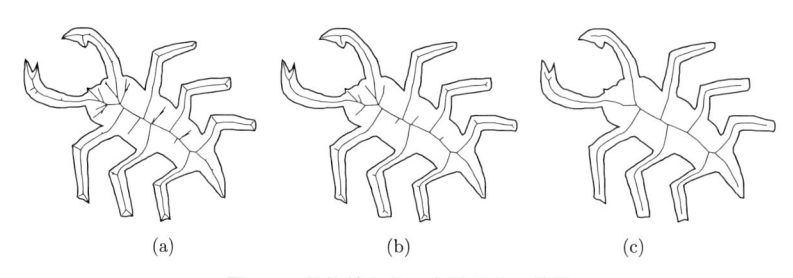

(a) (b) (c)

図 **7.9** 骨格線とその主要部分の抽出

7.5 直線的骨格線

図形 X が多角形であっても，その骨格線 $S(X)$ は曲線を含む．図 7.5 の例でも，骨格線には曲線部分がある．X の境界が曲線を含むなら，骨格線も曲線を含むことはやむをえないと思うが，X の境界が直線分のみで構成されている場合には，骨格線としても直線分のみで構成されたものがあるとよいと思うのは自然な願望なのではないだろうか．実はこれを満たす骨格線の定義が可能である．本節ではこれを見ていく．

X を多角形とし，その頂点を境界 ∂X 上で順に $v_1, v_2, \ldots, v_n$ とする．また，∂X を構成する辺を $e_i = \{v_i, v_{i+1}\}, i = 1, 2, \ldots, n$, とする．ただし $v_{n+1} = v_1$ である．ここで，すべての辺 e_i を，X の内部に向かって e_i に垂直な方向へ同時に等速で動かすことを考える．このとき，各 e_i は隣りの辺とつながった状態を保つために，隣りの辺との交点の位置へ端点も変更しながら進むものとする．この状態を図 7.10 に示す．

凸な頂点（多角形の内側で測った両側の辺のなす角が 180 度未満の頂点）では，両側の辺が短くなる方向へ変化する．一方，凹な頂点では，両側の辺が長くなる方向へ変化する．その結果，各時刻において，内側へ縮まった多角形ができる．辺 e_i が，移動に伴って長さが 0 になることがあるが，その場合はその時点で e_i は消滅したとみなし，e_{i-1} と e_{i+1} が隣り合うとみなして，さらに変形を続ける．

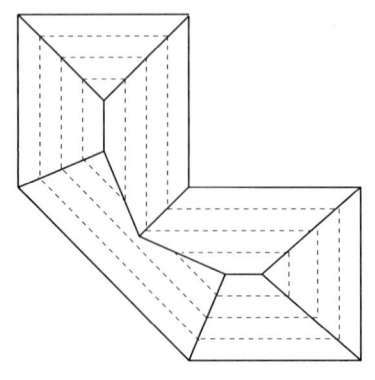

図 7.10 直線的骨格線

最後にはすべての辺の長さが0となって消滅し，この変形は終了する．

この変形の途中で隣り合う辺の交点が描く軌跡をすべて集めたものをSS(X)で表す．これを，Xの**直線的骨格線** (straight skeleton) という．

図7.10では，時間の進行とともに変化する多角形のいくつかの時刻での形を破線で表し，SS(X)を実線で表した．SS(X)は，前節の骨格線と似た構造をもつが，曲線を含んでいないことがわかる．

この直線的骨格線は，ボロノイ図の一種とみなすこともできる．すなわち各辺が多面体内部へ向かって動くとき，掃く領域をそれぞれの辺のボロノイ領域とみなす．これによって，多角形の内部がボロノイ領域とその境界へ分割される．このボロノイ図は，**直線的ボロノイ図** (straight line Voronoi diagram) と呼ばれる．

このボロノイ図では，辺 e_i が多面体の内側へある距離だけ平行に移動した辺上のすべての点が，e_i から等しい距離にあるとみなして領域を定めている．とくに凹な頂点からのびる辺に対しては，内部へ移動したとき隣りの辺との交点は，辺がのびる方向へ動く．したがって，この距離は，点と線分のユークリッド距離ではなく，点と線分を延長してできる直線とのユークリッド距離になっている．直線的ボロノイ図は，この距離に関して多角形を辺の領域に分割した図形であるとみなすことができる．

直線的骨格線は，家の屋根の設計に応用できる．多角形Xを，平屋の壁を上から見下ろした平面図であるとみなす．この壁を同じ高さで作るとし，壁の上端から家の内側へ向かって同じ傾斜の屋根を葺きたいとしよう．このとき，それぞれの辺（壁）からのばす屋根板の占める領域が，ボロノイ領域となる．いいかえると，Xの直線的骨格線がこの屋根構造の棟に一致する．

7.6 フラクタルと長さの計測

日本という国土の面積を測ることを考えよう．これは，日本の地図が与えられれば，近似的に計算できる．たとえば1千万分の1の地図が与えられたら，その地図の中での面積を計算して，その結果を1千万の2乗倍すればよい．地図の中で面積を計算する1つの方法は，図7.11に示すように地図の描かれた長方形領域をたてよこ等間隔の平行線によって小正方形に分割し，着目する国土に対応する正方形の数を数えればよい．この際，図7.11に黒で示すように，国土に完全に含

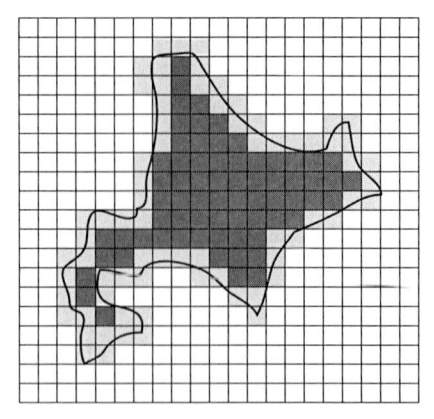

図 7.11 図形の面積の計測

まれる正方形の数から，面積の下限が得られ，灰色で示すように国土と一部重なる正方形の数をさらに加えれば，面積の上限が得られる．正方形格子をもっと細かくとれば，面積の上限と下限の幅を縮めることができる．さらに，500 万分の 1 とか 250 万分の 1 などもっと詳しい地図で計算することによって，面積の値の区間を縮めることができる．だから，目的に応じて，必要な精度で面積を計算できそうだという気がするであろう．

では，次に日本の国土の境界を定める海岸線の長さを計ることを考えてみよう．この場合は，地図の中での国土の境界上に点をとり，それらを順につないだ折れ線として境界線を近似的に表すことができる．そして，その折れ線の長さを計算すれば，海岸線の長さの下限が得られる．しかし，面積の場合と異なり，上限は得られない．したがって海岸線の長さという数値をある区間に限定することはできない．境界上にとる点の数を増やしたり，もっと精密な地図に取り換えたりすれば，得られる値は増えていくであろう．

海岸線の長さをより高い精度で見直すということの意味を，単に地図の縮尺率を取り替えるという表現よりもう少し明確に定めておこう．地図の縮尺率を定めたとき決まる近似図形ではなく，元の曲線の厳密な形がわかっているものとしよう．そして，その長さを測るために，正の定数 r を定める．図 7.12(a) に示すように，曲線上の端点から半径 r の円を描き，それが曲線と交わる最初の点と円の中心を結ぶ線分を描く．次に，この交点へ円の中心を移して，同じように円と曲

7.6　フラクタルと長さの計測　　　　　　　　　　　　　　　147

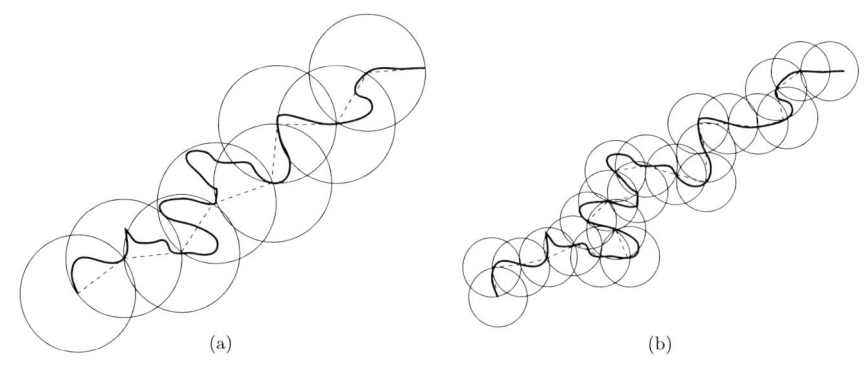

図 **7.12**　曲線の長さを測るための折れ線近似

線の最初の交点を求め，その交点と円の中心を線分で結ぶ．この操作を繰り返すと，図 7.12(a) の破線で示す折れ線が得られる．この折れ線が，精度 r で眺めた曲線の近似図形であるとみなし，その長さを曲線の長さの近似値とみなす．

r をもっと小さな値 r' $(< r)$ に変更して同様の操作を実行すると，図 7.12(b) に示すように，より精密な折れ線近似が得られる．

このように，曲線上の点を拾うための円の半径 r を，精度を表すものさしとみなし，r を小さくしていくことが，観測精度を高めることだと解釈する．

では，この方法で観測精度を上げていく（すなわち r の値を小さくしていく）と，曲線の長さの近似値は一定の値に収束するであろうか．

実は，必ずしも値が収束することは期待できない．なぜなら，地図を精密なものに取り替えると，今までほぼまっすぐに見えた線が細かく出入りしていることがわかるかもしれない．さらに精密な地図へ移れば，また同じようなことが起こるかもしれない．自然界に現れる曲線の中には，海岸線のように，どんな精度で観測してもそれなりに複雑な形をしていて，この精度で見れば十分ということが言えないものが少なくない．このように，低い精度で見ても高い精度で見ても同じような複雑さをもっている図形は**フラクタル** (fractal) 図形といわれる．

フラクタル図形の代表例の 1 つは，図 7.13 に示す**コッホ曲線** (Koch curve) である．この図の (a) に示すように，1 本の線分から出発する．この線分を 3 等分し，中央部分をそれと同じ長さの 2 つの線分からなる正三角形の 2 辺で置き換えると (b) が得られる．次に，(b) の曲線を構成する各線分に対して同じ操作を施

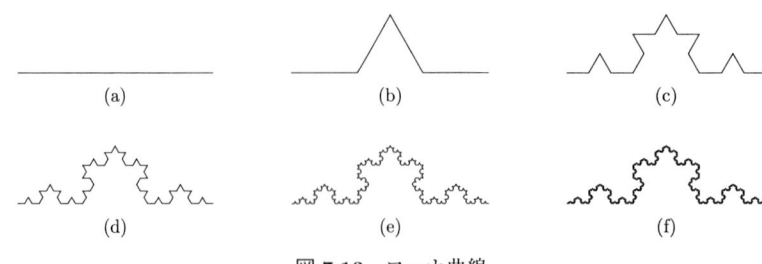

図 7.13 コッホ曲線

すと (c) が得られる．この操作を無限に繰り返して得られる曲線がコッホ曲線である．図 7.13(a) の線分の長さを a としよう．(b) の曲線の長さは $\frac{4}{3}a$ である．同様に，1 回の操作で曲線の長さは $\frac{4}{3}$ 倍されるから k 回の操作ののちの曲線の長さは $\left(\frac{4}{3}\right)^k a$ となる．ここで k を無限大にすると，この長さ自体も無限大へ発散する．すなわち，コッホ曲線の長さは無限大である．

コッホ曲線はその一部分を拡大しても，全体と同じ構造をもっている．したがって，フラクタル図形である．コッホ曲線は，全体の 4 分の 1 を 3 倍に拡大すると全体と一致する．このように，部分を拡大したとき全体と一致するという性質をもつフラクタル図形は，とくに**幾何的フラクタル図形** (geometric fractal figure) と呼ばれる．コッホ曲線は単純化された曲線であるが，これと同様に，一部分を拡大すると全体と同じような様相を呈する曲線は，自然界にたくさん観測される．海岸線などもその例である．ただし，海岸線の場合は，コッホ曲線とは違って，一部分を定数倍すると全体とぴったり一致するわけではない．曲線の出入りの複雑さなどの定性的な性質が似ているに過ぎない．このようなフラクタル図形は，**統計的フラクタル図形** (statistic fractal figure) と呼ばれる．

コッホ曲線の例で見たように，フラクタル曲線を精密に見れば見るほど，その長さはどんどん長くなっていくだけで，収束しない．したがって，長さをできるだけ精密に測ろうとする努力は無意味である．

では，このような曲線については，長さに代わる何か有用な指標はないのであろうか．実は，ある．それは曲線のフラクタル次元と呼ばれる概念である．これを次に見てみよう．

たとえば 1 つの線分を 2 分の 1 に縮小したとき，元の線分は縮小後の線分 2 個からなる．3 分の 1 に縮小したものは，3 個集めると元の線分と同じになる．正

方形の場合は 2 分の 1 に縮小したとき，元の正方形は縮小後の正方形 4 個からなる．3 分の 1 に縮小したものは，9 個集めると元の正方形となる．今，ある図形を a 分の 1 に縮小したとき，元の図形は縮小後の図形 b 個からなるとしよう．線分の場合は $a = b$ であり，正方形の場合は $a^2 = b$ である．

私たちは，線分は 1 次元の広がりをもち，正方形は 2 次元の広がりをもつことを知っている．この線分や正方形の次元は，上の a と b を使うと，$\log b / \log a = \log_a b$ と書くことができる．実際，線分に対しては $b = a$ だから $\log_a b = \log_a a = 1$ であり，正方形に対しては $b = a^2$ だから $\log_a b = \log_a a^2 = 2$ である．そこで，これを図形の次元の定義であるとみなそう．すなわち，次のとおりである．

定義 7.1（図形の次元）　図形 X の全体を a 分の 1 に縮小したとき，元の X は縮小後の図形 b 個からなるとする．このとき，$\log_a b$ を X の次元という．とくに，$\log_a b$ が非整数のとき，これを X の**フラクタル次元** (fractal dimension) という．

コッホ曲線に戻ろう．コッホ曲線の場合は，全体を 3 分の 1 に縮小したもの 4 個で元のコッホ曲線が構成できる．したがって，$a = 3, b = 4$ である．定義 7.1 に従うと，$\log_a b = \log_3 4 \approx 1.2619$ がコッホ曲線のフラクタル次元である．

海岸線に対しても，同じように次元を計算することができる．ある曲線を半径 r の円を使って，図 7.12 のように折れ線近似したとき，$A(r)$ 本の線分で近似できたとしよう．次に半径を $r/2$ に変更して同様の折れ線近似を求めたら $B(r)$ 本の線分で近似できたとしよう．円の半径を $r/2$ から r へ変更することが，海岸線を 2 分の 1 に縮小したことに相当する．これによって折れ線近似を構成する線分は $B(r)/A(r)$ 倍に増えたことになる．したがって $a = 2, b = B(r)/A(r)$ であるから，$\log_a b = \log_a(B(r)/A(r))$ と計算できる．いろいろな r に対して，r と $r/2$ を半径とする円によって作った折れ線が同じような $\log_a(B(r)/A(r))$ の値をもつなら，これをこの海岸線のフラクタル次元とみなすことができる．

図 7.12 の曲線の例では，(a) では 8 本の線分で近似され，円の半径を 2 分の 1 にした (b) では 22 本の線分で近似されたから，$\log_a(B(r)/A(r)) = \log_2(22/8) \approx 1.475$ である．他の半径でも同様な値になるなら，この値 1.475 をこの曲線のフラクタル次元とみなすことができる．

このように自然界に現れる図形の中には，部分が全体と同じような性質をもつ

ものはたくさんある．たとえば川の形，シダなどの葉の形，稲妻の形などがこれに属す．このような図形に対しては，素直な曲線とは違って長さという量では特徴をとらえることができないが，フラクタル次元を測ることによって，複雑さの程度を把握することができる．

7.7　筆順最適化

平面上の線図形のすべての辺をできるだけ早くたどる問題を考える．これは，自動的にペンの動きを制御できるプロッターと呼ばれる描画機械で図形を描く場合，金属板に切削機械で図形に沿って溝を掘りたい場合，3次元プリンターで立体を積層造形するためにレーザーで1層分の図形を描画したい場合などに現れる問題である．また，地図上のある領域内のお祭りのために，すべての道路を少なくとも1回は通るみこしの経路を計画したいなどという場合にも解きたくなるであろう．

まず問題を定式化しよう．平面上に描かれた線図形を D とする．D を構成する線の端点（すなわち線が途切れるところ）および3本以上の線が接続する点を集めたものを V とし，V の要素を頂点と呼ぶ．ただし，線が交差する点はすべて V に入れるものとする．D を構成する線を，頂点で分割し，それぞれの線の断片を辺とみなす．辺の集合を E とおく．(V, E) はグラフとみなせる．D の線をたどる時間は，どの部分も単位長さ当り同じ一定の時間がかかるものとする．したがって，D の線を実際にたどる時間は，どんな順序でたどっても同じ時間がかかる．時間の違いが生じるのは線の一部をたどったあと，プロッターのペンや切削機械の刃先をもち上げて，次にたどる線の出発点まで移動する動き（これを**空送り** (pen-up movement) と呼ぶ）である．したがって，この空送りの距離をできるだけ小さくすることが目標となる．

空送りをまったくしないで，D のすべての線をちょうど1回ずつたどることができれば理想的である．このようなたどり方は，**ひと筆描き** (single-stroke drawing) と呼ばれる．そこでまず，グラフ (V, E) がひと筆描きできるかどうかを判定する問題を考えよう．

頂点 $v \in V$ に接続する辺の数を v の次数というのであった．v の次数を $\deg(v)$ で表す．任意のグラフに対して，まず次の性質が成り立つ．

性質 7.4（奇数次数頂点の数） 任意のグラフ (V, E) において，奇数次数の頂点の個数は偶数である．

証明 辺は両端で頂点と接続しているから，頂点の次数の総和は辺の数の 2 倍である．すなわち
$$\sum_{v \in V} \deg(v) = 2|E| \tag{7.10}$$
が成り立つ．奇数次数の頂点の数が奇数なら，上の式の左辺は奇数となるが，右辺は偶数であり，これは矛盾である．したがって，性質 7.4 が成り立つ．

性質 7.5 (V, E) は，すべての頂点の次数が偶数のグラフとする．任意の頂点 v_s から出発して，同じ辺を 2 回以上たどらないという制約のもとで，行き詰まるまでグラフ内を進むと，最後には v_s で終わる．

証明 v_s 以外の任意の頂点を v とし，v に接続する辺の集合を $T(v)$ とする．初期状態では，$T(v)$ に属す辺はどれもたどっていない．グラフをたどって v を通過すると $T(v)$ に属す 2 つの辺が，すでにたどったという状態へ変わる．$T(v)$ は偶数個の辺をもつから，v へ入れば必ず v から出る方向へたどれる．したがって，行き詰まるのは出発点 v_s においてのみである．

性質 7.6 グラフ (V, E) は，2 個の頂点 v_s, v_t のみが奇数次数で，残りの頂点はすべて偶数次数であるとする．v_s から出発して，同じ辺を 2 回以上たどらないという制約のもとで，行き詰まるまでグラフ内を進むと，最後は v_t で終わる．

証明 性質 7.5 の証明で示したとおり，行き詰まるのは奇数次数の頂点のみであるから，性質 7.6 が成り立つ．

ひと筆描きに関しては次の性質が成り立つ．

性質 7.7（ひと筆描き） グラフ (V, E) の奇数次数の頂点の数が 2 以下なら，このグラフはひと筆描きができる．

実際にひと筆描きの経路は次のアルゴリズムで求めることができる．ただし，このアルゴリズム内の $x \circ y$ という記号は，グラフの経路 x の終点と経路 y の始

点が一致するとき，x のあとに y をつないでできる経路を表す．

アルゴリズム 7.4（ひと筆描き）
入力：奇数次数頂点が 2 個以下の連結グラフ (V, E)
出力：ひと筆描きの経路
手続き：

1. 奇数次数頂点があればその 1 つを v_s とする．なければ任意の頂点を v_s とする．
2. すべての辺 $e \in E$ に対して $\text{pass}(e) \leftarrow 0$ とおく．[コメント：$\text{pass}(e) = 0$ はまだその辺をたどっていないことを表し，$\text{pass}(e) = 1$ はすでにたどったことを表す]
3. v_s から出発して，$\text{pass}(e) = 0$ を満たす辺 e があればそれをたどり $\text{pass}(e) \leftarrow 1$ と置き換えて反対側の頂点へ行く．ここから同じようにまだたどっていない辺 e があれば，その辺をたどって $\text{pass}(e) \leftarrow 1$ と書き換えることを，行き詰まるまで繰り返す．この手続きでたどった経路を p とおき，最終的にたどりついた頂点を v_t とおく．[コメント：性質 7.5, 7.6 より (V, E) が奇数次数頂点をもたなければ $v_t = v_s$ であり，2 個の奇数次数頂点をもてば v_t はもう 1 つの奇数次数頂点である]
4. すべての辺 e に対して $\text{pass}(e) = 1$ なら，p を出力して処理を終了する．そうでなければステップ 5 へ進む．
5. $\text{pass}(e) = 0$ となる辺 e に接続する p 上の頂点の 1 つ $v \in V$ を選ぶ．
   5.1 v から出発し，まだたどっていない辺 e をたどり，その辺に対して $\text{pass}(e) \leftarrow 1$ と書き換えることを，行き詰まるまで繰り返す．そしてたどった経路を q とおく．[コメント：性質 7.5 より，経路 q は v で終わるサイクルである]
   5.2 経路 p のうち v_0 から初めて v へ到達するまでの部分経路を p_1，残りを p_2 とおき，
$$p \leftarrow p_1 \circ q \circ p_2$$
とおく．
6. 4 へ進む． □

性質 7.5, 7.6 より，$\text{pass}(e) = 0$ となる辺 e がある限り，ステップ 5 が繰り返さ

れるから，このアルゴリズムは必ずひと筆描きを見つけて終了する．グラフ (V,E) のすべての頂点の次数が偶数のときには，性質 7.5 より $v_t = v_s$ であるから，ひと筆描きはサイクルである．一方，グラフ (V,E) が 2 つの奇数次数頂点 v_s, v_t をもてば，性質 7.6 よりアルゴリズムによって得られるひと筆描きは，v_s と v_t をつなぐ経路である．

アルゴリズム 7.4 の時間複雑度を評価しよう．$|V| = n, |E| = m$ とする．ステップ 1, 2 は $O(m)$ で実行できる．ステップ 3, 4, 5 では，経路を探索するが，同じ辺は 1 回しかたどらず，1 つの辺をたどる作業は定数時間でできるので，すべての繰り返しの合計時間は $O(m)$ である．ところで，グラフ (V,E) は平面に描かれた線図形から作られ，線が交差する点はすべて V に入れたから，平面グラフである．したがって $m = O(n)$ である．以上よりアルゴリズム 7.4 の時間複雑度は $O(n)$ である．

元の筆順最適化の問題に戻ろう．描きたい線図形から作ったグラフは連結であるとする．ただし，一般にたくさんの奇数次数頂点を含むであろう．このような図形をペンで描くためには，ひと筆描きのできる部分はできるだけ長く描き，その後，次のひと筆描きの出発点まで空送りで移動するのがよいであろう．この方針で筆順を構成する方法を考える．

グラフ (V,E) のすべての奇数次数頂点の集合を $V_1 \subseteq V$ とする．性質 7.4 より，V_1 は偶数個の頂点を含む．任意の $v, v' \in V_1$ に対して，v と v' の間をペンを空送りする時間を $c(v, v')$ とする．プロッターのペンの場合は，x 軸方向と y 軸方向に独立のステップモーターがあって，それでペンを動かしているので

$$c(v, v') = \max\{|x - x'|, |y - y'|\} \tag{7.11}$$

とおくのがよいであろう．みこしが練り歩く経路の場合は，空送りに相当する動きも道路に沿った移動であろうから，v と v' の最短経路の長さを $c(v, v')$ とするのがよいであろう．いずれにしろ，場面に応じて $c(v, v')$ は与えられているとする．

V_1 に属す頂点の対の集合 M で，どの頂点も高々 1 個しか現れないものを V_1 の**マッチング** (matching) という．V_1 は偶数個の頂点をもつが，これらの頂点を 2 つずつ対にして V_1 を $|V_1|/2$ 個の部分集合に分割したものを V_1 の**完全マッチング** (complete matching) という．

M を V_1 の完全マッチングとする．M の元は頂点の対であるから，それらを結

ぶ辺とみなすこともできる．そこで M に対応する辺を元のグラフに追加すると，グラフ $(V, E \cup M)$ が得られる．このグラフにおける頂点の次数はすべて偶数である．したがってひと筆描きができる．

このひと筆描きに要する時間は，元のグラフの辺（E に属す辺）を描く時間と，ひと筆描きができるように追加した辺（M に属す辺）を描く時間の和である．前者は一定であるから，後者の時間を短縮することが，効率のよい筆順を構成することを意味する．したがって，私たちの目標は

$$\sum_{\{v,v'\}\in M} c(v, v') \to \min \tag{7.12}$$

を達成する完全マッチング M を見つけることである．この問題は**最小完全マッチング問題** (minimum complete matching problem) と呼ばれ，厳密解を得ることが困難な問題である．したがって，厳密な最適解ではなくて，最適解の近似解を得ることで満足するのが実用的である．

最小完全マッチング問題の近似解を得る簡便な方法は，バケットを利用する方法である．図 7.14 に示すように，描きたい線図形を囲む長方形をとり，適当なサイズの格子を使ってそれを小正方形に分割する．その結果得られる各々の小正方形を**バケット** (bucket) と呼ぶ．そして，これらのバケットの 1 つからその隣へ移ることを繰り返して全体をたどる順番を 1 つ定める．たとえば，図 7.14 で示す蛇行のような経路である．この経路に沿ってバケットをたどりながら奇数次数頂点を 2 つずつ選んで対にしていく．すなわち，次のアルゴリズムを考える．

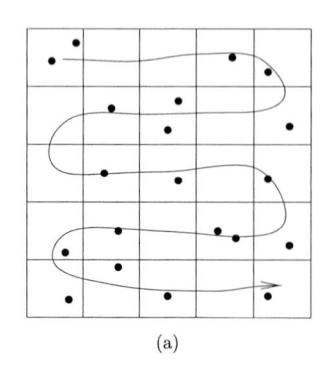

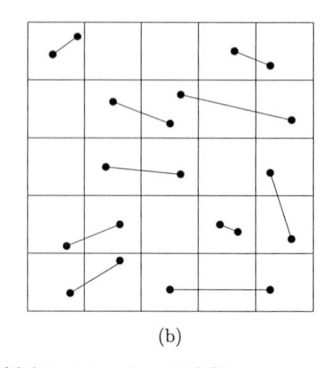

図 **7.14** 図形を囲む長方形領域のバケットへの分割

アルゴリズム 7.5（最小完全マッチングの近似解）

入力：平面上に配置された $2n$ 個の点の集合 V_1 と，任意の $v, v' \in V_1$ に対する距離 $c(v, v')$

出力：V_1 の最小完全マッチングの近似

手続き：

1. V_1 を含む長方形領域をバケットに分割し，それらのバケットの隣りをたどることを繰り返して重複なく全体を訪れる経路を 1 つ定める．得られるバケットの列を $(B_1, B_2, \ldots, B_n)$ とする．

2. $M \leftarrow \emptyset, T \leftarrow \emptyset, i \leftarrow 1$ と初期化する．[コメント：M はマッチングを入れるため，T は積み残し頂点を記憶するために用いる]

3. B_i に含まれる頂点があれば次を行う．

    3.1 $T \neq \emptyset$ なら，T には 1 個の頂点が含まれるのでそれを v とし，B_i に含まれる 1 つの頂点 v' を取り出し，M に $\{v, v'\}$ を追加し，$T \leftarrow \emptyset$ とする．

    3.2 B_i に 2 個以上の頂点が残っていたら B_i に含まれる頂点が 1 個以下になるまで次を繰り返す．

    B_i から任意の 2 個の頂点 v, v' を取り出して，M に $\{v, v'\}$ を追加する．

    3.3 B_i に頂点が残っていたら，その頂点を T に入れる．

4. $i = N$ なら処理を終了し，$i < N$ なら $i \leftarrow i+1$ としてステップ 3 へ行く．□

このアルゴリズムの基本は，バケット $B_1, B_2, \ldots, B_n$ を順に訪れ，同じバケットに属す頂点を 2 個ずつ対にして M に登録することである．ただし，対を作ったあとで，頂点が 1 個残ったら，その積み残しを T に入れて次のバケットに移る．その後はじめて頂点を含むバケットに来たとき，その中の 1 つの頂点と T に属す頂点を対にして，積み残しを解消する．これによって，M は V_1 のマッチングであるという状態を保ちながらだんだん大きくなっていき，最終的には V_1 の完全マッチングとなる．M を作るときには，同じバケット内の頂点を優先的に対にするから，ペンの空送り時間の総和が比較的小さい M が得られるものと期待できる．

このようにバケットに分割して，それぞれのバケット内の要素は互いに近いことを利用する情報処理技術は，バケット法 (bucket method) と総称される．

7.8 自然近傍補間

たとえば雨量計の設置されたいくつかの場所である期間の雨量が観測されたとき，雨量計のおかれていない場所での同期間の雨量を推定したいとしよう．このように，観測データから，データのない場所での対応する値を推定する作業は**補間** (interpolation) と呼ばれる．データが観測された場所が正方格子点などのように規則的に並んでいる場合には，補間は比較的やさしい．一方，雨量計のように不規則に配置された場所での値しかない場合には，補間は自明ではない．本節では後者の場合を考える．

平面上に不規則に配置された点の集合を $S = \{p_1, p_2, \ldots, p_n\}$ とし，p_i での観測値を $z(p_i)$ とする．S に属す点を観測点 (data point) と呼ぶ．今，S には属さない点 $p \notin S$ に着目し，p での値 $z(p)$ を推定したいとしよう．直感的には，近い場所同士の観測値は近い値をとるだろうと考えられる．補間は，この直感的性質を期待して行うことができる．p に近い観測点の集合 $S_p \subseteq S$ をなんらかの方法で選び，それらの観測点 $q \in S_p$ に重み $w(q)$ を指定して，p での推定値を S_p に属す観測点の重みつき平均の形で

$$z(p) = \frac{\sum_{q \in S_p} w(q) z(q)}{\sum_{q \in S_p} w(q)} \tag{7.13}$$

と計算する方法が考えられる．

しかし，観測値は不規則に配置されているから，S_p として p に近い点を素朴に集めただけでは適切に補間できるとは限らない．たとえば，p に近い方から k 個の観測点をとって S_p とする方法はうまくいかないことがある．図 7.15 に黒丸で

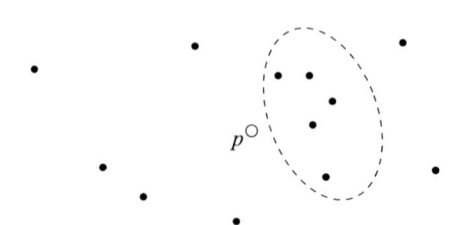

図 **7.15** 近い方から k 個の観測点をとった場合

示す位置に観測点が配置されている場面で，白丸で示す点 p に近い方から5つの観測点を選ぶと，図中の破線で囲んだ5点が選ばれる．しかしこれらの点は，すべて p の右側にあり，これらの点での観測値のみを使った補間では，p の左側の観測データがまったく反映されないことになる．これではあまり適切な補間とは言えないであろう．したがって，p に近い観測点でかつなんらかの意味で p の回りを囲むものを選ぶことが望ましい．

この要求を満たす1つの有望な方法は，観測点のドロネー三角形分割を利用する方法である．すなわち，S を母点集合とするドロネー三角形分割を作り，p を含む三角形の3つの頂点を S_p とする方法である．これなら，p に近く，p を囲む観測点の集合といってよいであろう．この場合の重み $w(q)$ としては，p と q の距離の単調減少関数，あるいはドロネー三角形に対する p の重心座標値などを用いるなどが考えられる．

しかし，この方法では，いつも3個の観測データしか使えない．もう少し多くのデータを有効利用したいと考えるのは自然の要求であろう．この要求を満たす方法の1つが自然近傍を使った補間法である．これを紹介しよう．

図 7.16 に示すように，黒い丸印の観測点集合 S に対するボロノイ図を作り，そこに白い丸印の点 p を新しい母点として追加すると，同図の破線で示すように，ボロノイ領域の一部が p のボロノイ領域として食い取られる．p_i のボロノイ領域のうち，p を加えたことによって p のボロノイ領域へ移る部分を $T_i(p)$ とおくと，

$$T_i(p) = V(S; p_i) \cap V(S \cup \{p\}; p)$$

である．ここで，$V(S; p_i)$ は，S に対するボロノイ図における p_i のボロノイ領域で，$V(S \cup \{p\}; p)$ は，$S \cup \{p\}$ に対するボロノイ図における p のボロノイ領域で

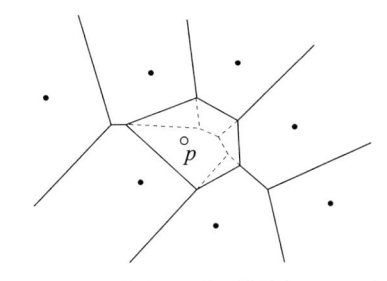

図 **7.16** ボロノイ図における着目点 p への寄与領域

ある．$T_i(p)$ を p_i の p への**寄与領域** (contributing area) という．$T_i(p)$ が空ではない母点の集合を S_p ($\subseteq S$) とし，移った領域の面積を $w(p)$ とする：

$$w(p_i) = \text{Area}(T_i(p)). \tag{7.14}$$

ただし，$\text{Area}(X)$ は領域 X の面積である．S_p を p の**自然近傍** (natural neighbor) という．ここで

$$\overline{w}(p_i) = \frac{w(p_i)}{\sum_{p_j \in S_p} w(p_j)} \tag{7.15}$$

とおく．このとき，シブソン (Sibson) の定理と呼ばれる次の性質が成り立つ[122]．

性質 7.8（シブソンの定理）　次の式が成り立つ．

$$p = \sum_{p_i \in S_p} \overline{w}(p_i) p_i. \tag{7.16}$$

この式は，p がその自然近傍の $\overline{w}$ を重みとする重みつき平均で表せることを意味している．

この性質を証明しよう．まず，図 7.17 に示すように p_i の座標を (x_i, y_i) とし，p_i と p_j を結ぶ線分の垂直二等分線と x 軸との交点の x 座標を u_{ij} とする．垂直二等分線は p_i と p_j から等しい距離にあるから

$$(x_i - u_{ij})^2 + (y_i - 0)^2 = (x_j - u_{ij})^2 + (y_j - 0)^2 \tag{7.17}$$

が成り立つ．この式の (i,j) を $(1,2), (2,3), (3,1)$ とした 3 つの式の左辺同士，右

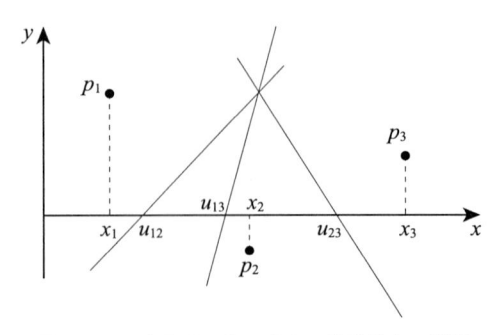

図 **7.17**　3 点とそれらの垂直二等分線との関係

7.8 自然近傍補間

辺同士の和を作ると

$$(u_{12} - u_{31})x_1 + (u_{23} - u_{12})x_2 + (u_{31} - u_{23})x_3 = 0 \tag{7.18}$$

が得られる．この式には y_1, y_2, y_3 が入っておらず，x 座標のみの関係式となっている．

次に図 7.18 に示すように S_p に属す点のうち寄与領域が x 軸と交わるものを，x 座標の小さい順に $q_1, q_2, \ldots, q_M \in S_p$ とする．そして，(p_1, p_2, p_3) から式 (7.18) を導いた手順を，$(q_1, q_2, q_M), (q_2, q_3, q_M), \ldots, (q_{M-2}, q_{M-1}, q_M)$ および (p, q_1, q_M) に対して適用すると，次の諸式が得られる．ただし，ここでは今まで使った記号を少し意味を変えて流用し，$p = q_0$ とおき，q_i の座標を (x_i, y_i) と表し，q_i と q_j を結ぶ線分の垂直二等分線が x 軸と交わる点の x 座標を u_{ij} で表した．

$$(u_{12} - u_{M1})x_1 + (u_{2M} - u_{12})x_2 + (u_{M1} - u_{2M})x_M = 0,$$
$$(u_{23} - u_{M2})x_2 + (u_{3M} - u_{23})x_2 + (u_{M2} - u_{3M})x_M = 0,$$
$$\vdots$$
$$(u_{M-2,M-1} - u_{M,M-2})x_{M-2} + (u_{M-1,M} - u_{M-2,M-1})x_{M-1}$$
$$+ (u_{M,M-2} - u_{M-1,M})x_M = 0,$$
$$(u_{01} - u_{M0})x_0 + (u_{1M} - u_{01})x_1 + (u_{M0} - u_{1M})x_M = 0. \tag{7.19}$$

これらの式を左辺同士，右辺同士足すと

$$(u_{M0} - u_{01})x_0 = \sum_{i=1}^{M}(u_{i,i+1} - u_{i-1,i})x_i \tag{7.20}$$

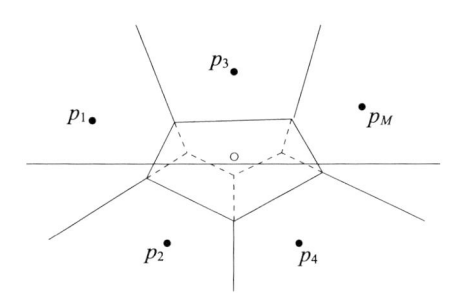

図 **7.18** シブソンの定理

が得られる．この式の左辺は $V(S \cup \{p\}; p)$ と x 軸の共通部分の長さに p の x 座標をかけたものであり，右辺は，q_i の寄与領域 $T_i(p)$ と x 軸の共通部分の長さに q_i の x 座標をかけたものの $i = 1, 2, \ldots, M$ に対する和である．

この式はかかわる点の y 座標に依存していないので，xy 座標系を y 軸に平行に移動してもそのまま成り立つ．そこで，xy 座標系を y 軸に平行に走査して対応する式を積分すると

$$\text{Area}(V(S \cup \{p\}; p))x_0 = \sum_{p_i \in S_p} w(p_i) x_i \tag{7.21}$$

が得られる．これは性質 7.8 の式の x 成分に関する等式と等価である．xy 座標系を 90 度回転させて同じ議論を行えば，式 (7.16) の y 成分に関する等式も得られる．したがって，性質 7.8 が証明できた．

性質 7.8 は，着目する点の座標が，その点とボロノイ領域が隣り合う母点のアフィン結合で表されること，そして，その係数が対応するデータ点の寄与領域の面積の比となっていることを表している．したがって，着目点でのデータの推測値を

$$z(p) = \sum_{p_i \in S_p} \overline{w}(p_i) z(p_i) \tag{7.22}$$

で計算するのが 1 つの素直な方法であろう．これはシブソンの**自然近傍補間** (natural neighbor interpolation) と呼ばれる．

この補間は，p がデータ点の 1 つに一致する場合を除いて C^1 連続である．この連続性を高める方法は長い間未解決問題として残されていたが，シブソンから約 20 年経ってようやく解決されている[58]．

7.9 章末ノート

本章では距離に関連する幾何的諸問題をとり上げた．ネットワークの最短経路については，Dijkstra[33] が，今日ダイクストラ法と呼ばれる基本アルゴリズムを構成している．これの発展，応用については，Iri[66]，伊理，他[69] など多数ある．ネットワークボロノイ図については Hakimi et al.[56]，Okabe and Sugihara[107] など，可視グラフについては Lee[87] など，障害物回避経路については Storer and Reif[123] などがある．図形の中心軸に関しては Blum and Nagel[20] など多くの議

論があるが，図形の境界にノイズが入ると中心軸が不安定となるという欠点を克服して，安定な構成法を提案して長年の問題を解決したのは坂井・杉原[115]であるといってよいであろう．

　直線的骨格線と直線的ボロノイ図は，Aichholzer and Aurenhammer[2] によって提案された．この概念は折り紙の数理的設計法などに使われている[31,41]．

　海岸線の長さなどのフラクタル図形の計量について初期の頃の議論には，岸本・伊理[83]，伊理，他[70,71]，田口，他[145]などがある．これらの議論の背景にあるフラクタル図形やフラクタル次元については高安[146]などがわかりやすい教科書である．

　7.8節で紹介した筆順最適化の方法は，Iri, Murota and Matsui[67] によって提案されたものである．これは，厳密な最適解を求めることは難しい場面において，最適解の近似解をバケット法と呼ばれるアルゴリズム技法を用いて求める実践的な技術である．この考え方の詳しい説明は，Asano et al.[7]，伊理，他[70,71]などにもある．

8
図形認識問題

　最終章である本章は，図形の認識に関するいくつかの問題を取り上げる．これは，人が目で見ただけでは複雑すぎて理解しにくい図形情報をコンピュータの力を借りて取り出そうとするデータ解析分野や，手作業では効率の悪い芸術的創作作業をコンピュータで支援する分野や，人が目で見て形を認識し理解する視覚機能をコンピュータでも実現したいというコンピュータビジョンの分野などから拾った話題である．

8.1　多面体の合同判定

　2つの多面体が与えられたとき，それらが互いに合同か否かを判定する問題を考える．多面体は有限個の平面多角形で囲まれた有界な領域である．多面体の表面を構成するそれぞれの平面多角形を**面** (face) と呼び，2つの面が接続する線分を**稜線** (edge) と呼び，3つ以上の面が接続する点を**頂点** (vertex) と呼ぶ．ここで，頂点と稜線は，稜線を辺とするグラフとみなすことができる．このグラフを**頂点・稜線グラフ** (vertex-edge graph) と呼ぶ．

　2つのグラフの頂点同士，辺同士の1対1対応で，頂点と辺の接続関係が等しいものがあるとき，その2つのグラフは**同型** (isomorphic) であるといわれる．2つの多面体が合同であれば，それらの頂点・稜線グラフは同型である．しかし，2つのグラフが同型か否かを判定する問題は，一般には **NP 完全** (NP-complete) と呼ばれる難しい問題である．ただし，特定のグラフに限れば，同型問題がやさしくなる場合がある．グラフ G から2つの頂点 u, v とそれらに接続する辺を取り除いてできるグラフが連結であるという性質が，どの頂点対 u, v に対しても成り立つとき，G は **3 連結** (3-connected) であるといわれる．また，辺が途中で交差しないように平面に埋め込むことのできるグラフは**平面グラフ** (planar graph) と

8.1 多面体の合同判定

呼ばれる．3 連結平面グラフの同型判定は効率よくできることがわかっている[60]．

グラフの同型判定問題が，3 連結平面グラフに対してやさしくなるのは，3 連結平面グラフを辺が交差しないように平面へ埋め込む方法が 2 通りしかないからである．すなわち，ある埋め込み方とそれを裏返した埋め込み方の 2 つである．そのため，平面に埋め込まれているという状態を利用することによって，同型か否かを効率よく判定できる．

一方，多面体の頂点・稜線グラフは，多面体の境界に埋め込まれたグラフとみなすことができる．この埋め込まれた状態を利用することによって，3 連結平面グラフの同型判定手法が使える可能性がある．ただし，多面体の境界は必ずしも平面とは同相ではない．ドーナツのように穴が貫通した多面体もあるからだ．しかしそれでも構わない．なぜなら 3 連結平面グラフの同型判定問題が効率よく解けるのは，表と裏の区別できる面にグラフが埋め込まれているために，辺の右面と左面が区別できたり，1 つの頂点に接続する辺が時計回りに並ぶ順序が確定できることが利用できるためで，埋め込まれた面が平面であることは本質的な条件ではないからである．このような認識に至ると，多面体の合同判定を効率よく実行するアルゴリズムを，次のように構成することができる．

P を多面体とする．P を構成する面の集合を $F(P)$，稜線の集合を $E(P)$，頂点の集合を $V(P)$ とする．P の境界を ∂P で表す．すなわち

$$\partial P = \bigcup \{f \mid f \in F(P)\} \tag{8.1}$$

である．

2 点 $x, y \in \mathbf{R}^3$ に対して，x と y のユークリッド距離を $d(x, y)$ で表す．$\mathbf{R}^3$ からそれ自身への変換 T は，任意の $x, y \in \mathbf{R}^3$ に対して $d(x, y) = d(T(x), T(y))$ が成り立つとき，**等長** (isometric) てあるという．また，T が右手系の座標系を右手系の座標系へ移すとき，**向きを保存する** (orientation-preserving) という．

P_1 と P_2 を 2 つの多面体とする．向きを保存する等長変換 T で $P_2 = T(P_1)$ を満たすものが存在するとき，この T を P_1 から P_2 への**合同変換** (congruent transformation) と呼び，P_1 と P_2 は互いに**合同** (congruent) であるという．

P を多面体とする．$F(P)$ を頂点集合とし，2 つの面が稜線を共有するとき，それらを結ぶ辺があるとみなしてできる無向グラフを，P の**面・稜線グラフ** (face-edge graph) と呼び，$FG(P)$ で表す．

点 $x \in \mathbf{R}^3$ を中心とする半径 $r\,(>0)$ の球体を

$$B(x;r) = \{y \mid y \in \mathbf{R}^3, d(x,y) \leq r\} \tag{8.2}$$

で表す.

本節では,多面体 P は次の条件を満たすものとする.

条件 8.1 P の面・稜線グラフ $FG(P)$ は連結である.

したがって,非連結であったり,1つの頂点のみでつながる2つの部分から構成されているような多面体は除外する.

点集合 X が連結なとき,X 内の任意の閉曲線が X 内で連続に 1 点へ変形可能なとき,X は単連結 (simply connected) であるという.

条件 8.2 P の境界上のすべての点 $x \in \partial P$ に対して,正の実数 $t(x)$ が存在して,$B(x;r) \cap P - \partial P$ は非空で単連結であるという性質がすべての $0 < r \leq t(x)$ に対して成り立つ.

したがって,紙のような厚みのない立体は除外されるし,また,図 8.1(a) に示すように,1つの頂点のみで両側がつながっている構造や,同図 (b) に示すように 1 つの稜線のみで両側がつながる構造は除外される.

条件 8.3 任意の面 $f \in F(P)$ に対して f の内点

$$\mathrm{Int}(f) \equiv f \backslash \bigcup \{e \mid e \in E(P)\} \tag{8.3}$$

は単連結である.

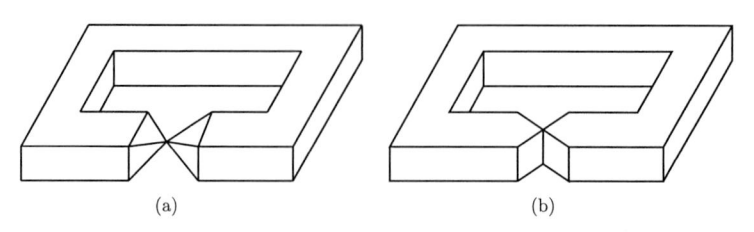

図 8.1 条件 8.2 に反する構造

8.1 多面体の合同判定

この条件は，面に穴が開いていないことを意味している．ただし，面の外側の境界に接する穴はあっても構わない．そのような穴は，f の内点に着目すると，穴ではなく外側とつながった領域となるからである．条件 8.3 が満たされるとき，面 f の 1 つの辺から出発して，それに隣接する辺をたどるという操作を繰り返して f のすべての辺を列挙することができる．

多面体 P に対して，P の頂点・稜線グラフを $G(P) = (V(P), E(P))$ とする．$G(P)$ は無向グラフである．$G(P)$ のどの頂点の次数も 3 以上である．なぜなら，多面体の頂点には，3 枚以上の面が接続するから，それらの交線である稜線も 3 本以上あるからである．

$E(P)$ に属す辺は向きをもたない無向辺であるが，これを互いに逆の向きをもつ 2 つの有向辺に置き換えてできる有向辺の集合を $\overline{E}(P)$ とおく．すなわち

$$\overline{E}(P) = \{(v_1, v_2), (v_2, v_1) \mid \{v_1, v_2\} \in E(P)\} \tag{8.4}$$

である．そして $V(P)$ を頂点集合とし，$\overline{E}(P)$ を辺集合とする有向グラフを $\overline{G}(P) = (V(P), \overline{E}(P))$ とおく．有向辺 $e = (v_1, v_2) \in \overline{E}(P)$ に対して，v_1 を e の始点 (initial vertex)，v_2 を e の終点 (terminal vertex) と呼ぶ．また，$e = (v_1, v_2)$ のとき，逆向きの辺を $e^{\mathrm{r}} = (v_2, v_1)$ で表す．$\overline{E}(P)$ に属す辺の列 $((v_1, v_2), (v_2, v_3), \ldots, (v_{n-1}, v_n))$ を辺 (v_1, v_2) から出発し (v_{n-1}, v_n) で終わる有向道 (directed path) という．

上で定義した $\overline{G}(P)$ は，頂点集合と有向辺集合で定まる抽象的なグラフである．しかし，以下では，$\overline{G}(P)$ は，3 次元空間におかれた多面体の頂点と稜線が作るグラフとみなす．すなわち，頂点は 3 次元空間において，実際に位置の定まった点で，辺はそれらの 2 点を結ぶ有向線分であるとみなす．したがって，頂点は 3 次元座標をもち，辺は長さをもつ．さらに，任意の頂点 $v \in V(P)$ と，v に接続する辺 $(v, v') \in \overline{E}(P)$ に対して，この辺を出発辺として，この頂点に接続する辺を多面体の外側から眺めたとき反時計回りに並ぶ順序を一意に定めることができる．

任意の有向辺 $e = (v, v') \in \overline{E}(P)$ に対して，図 8.2 に示すように，多面体の外側から見て e の右側の面を $f_{\mathrm{R}}(e)$ で表し，左側の面を $f_{\mathrm{L}}(e)$ で表す．$f_{\mathrm{R}}(e), f_{\mathrm{L}}(e)$ を含む平面を，それぞれ $H_{\mathrm{R}}(e), H_{\mathrm{L}}(e)$ とおく．$H_{\mathrm{R}}(e), H_{\mathrm{L}}(e)$ は，面の表と裏に対応して，表側と裏側の区別ができる．

任意の辺 $e \in \overline{G}(P)$ に対して，$e' (\neq e)$ を e の終点から出る辺の 1 つとする．

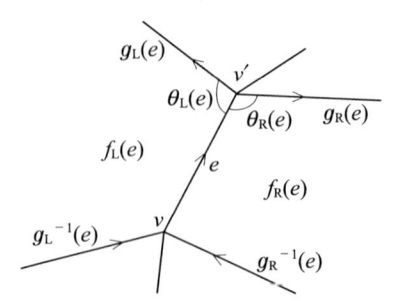

図 8.2 有向辺の両側の面と始点・終点に接続する隣りの辺

図 8.2 に示すように，$f_R(e) = f_R(e')$ のとき e' を最右辺といい，$g_R(e)$ で表す．$f_L(e) = f_L(e')$ のとき e' を最左辺といい，$g_L(e)$ で表す．g_R, g_L はいずれも $\overline{E}(P)$ からそれ自身への 1 対 1 写像である．したがって，それらの逆写像 g_R^{-1}, g_L^{-1} も $\overline{E}(P)$ からそれ自身への 1 対 1 写像である．

辺 $e \in \overline{E}(P)$ に対して，e の長さを $l(e)$ で表し，左右の面 $f_R(e), f_L(e)$ がなす角を $\psi(e)$ で表す．ただし，$\psi(e)$ は多面体の内側で測るものとする．したがって，稜線 e が山の尾根のように凸ならば $0 < \psi(e) < \pi$ で，e が谷底のように凹ならば $\pi < \psi(e) < 2\pi$ である．また，辺 e と辺 $g_R(e)$ のなす角を $\theta_R(e)$，e と $g_L(e)$ のなす角を $\theta_L(e)$ で表す．そして，

$$\lambda(e) = (l(e), \psi(e), \theta_R(e), \theta_L(e)) \tag{8.5}$$

とおく．

$(e_1, e_2, \ldots, e_n)$ を $\overline{G}(P)$ 内の有向道とする．$1 \leq i \leq n-1$ を満たすすべての i に対して，$e_{i+1} = g_R(e_i)$ または $e_{i+1} = g_L(e_i)$ が満たされるとき，この有向道を**基本道** (primary path) という．基本道 $p = (e_1, e_2, \ldots, e_n)$ に対して，$\alpha(p) = (c_1, c_2, \ldots, c_{n-1})$ を

$$c_i = \begin{cases} 1 & e_{i+1} = g_R(e_i) \text{ のとき}, \\ -1 & e_{i+1} = g_L(e_i) \text{ のとき} \end{cases} \tag{8.6}$$

とおく．すべての頂点の次数は 3 以上だから $g_R(e) \neq g_L(e)$ であり，したがって c_i は常に一意に確定する．

P と P' を 2 つの多面体とする．$p = (e_1, \ldots, e_n)$ と $p' = (e_1', \ldots, e_n')$ をそれぞれ $\overline{G}(P)$ と $\overline{G}(P')$ の基本道とする．$\alpha(p) = \alpha(p')$ のとき，p' を，e_1' から出発

する p に対応する道 (corresponding path) という.

$e_1 \in \overline{E}(P), e_2 \in \overline{E}(P')$ とし,e_1 から出発する任意の基本道 $p = (e_1, \ldots, e_n)$ と,p に対応する e_1' から出発する基本道 $p = (e_1', \ldots, e_n')$ が,すべての $i = 1, 2, \ldots, n$ に対して $\lambda(e_i) = \lambda(e_i')$ を満たすとき,**識別不可能** (indistinguishable) といい,そうでないとき,**識別可能** (distinguishable) という.$P = P'$ のとき,識別不可能性は,$\overline{E}(P)$ の中の同値関係となる.また,$P = P'$ とは限らない場合でも,$e, e' \in \overline{E}(P) \cup \overline{E}(P')$ に対して(すなわち,e と e' が異なる多面体の辺であっても同一の多面体の辺であっても),識別不可能性が定義でき,$\overline{E}(P) \cup \overline{E}(P')$ 内の同値関係となる.

アルゴリズムの構成に必要ないくつかの性質をまず見ておこう.

性質 8.1 P を,条件 8.2 を満たす多面体とし,$p = (e_1, \ldots, e_n)$ を $\overline{G}(P)$ 内の任意の基本道とし,$\lambda(e_i), 1 \leq i \leq n$,が与えられているとする.$e_1$ と $H_R(e_1)$ の 3 次元空間での位置が与えられると,$e_n, H_R(e_n), H_L(e_n)$ の 3 次元位置は一意に定まる.

証明 e_i と $H_R(e_i)$ が与えられたとき,$e_{i+1}, H_R(e_{i+1}), H_L(e_{i+1})$ が一意に決まることがいえればよい.今,e_i と $H_R(e_i)$ が与えられたとする.

場合 (i):$e_{i+1} = g_R(e_i)$ とする.このとき,$H_R(e_{i+1}) = H_R(e_i)$ であるから,$H_R(e_{i+1})$ は定まる.e_i と e_{i+1} のなす角は $\theta_R(e_i)$($\lambda(e_i)$ の第 3 成分)で与えられ,e_{i+1} の長さは $l(e_{i+1})$($\lambda(e_i)$ の第 1 成分)で与えられるから,e_{i+1} の 3 次元位置も一意に定まる.$\psi(e_{i+1})$ によって $H_L(e_{i+1})$ と $H_R(e_{i+1})$ のなす角も $\lambda(e_{i+1})$ の第 2 成分で与えられるから,$H_L(e_{i+1})$ も一意に定まる.

場合 (ii):$e_{i+1} = g_L(e_i)$ とする.$\psi(e_i)$ から $H_L(e_i)$ の場所が決まる.あとは,場合 (i) の L と R を入れ替えると平行な議論によって,この場合も証明できる.

性質 8.2 P と P' を,条件 8.2 を満たす 2 つの多面体とする.$p = (e_1, \ldots, e_n)$ を $\overline{G}(P)$ の基本道とし,$p' = (e_1', \ldots, e_n')$ が $\overline{G}(P')$ の辺 e_1' から出発し p に対応する基本道であるとする.そして,すべての $i = 1, 2, \ldots, n$ に対して $\lambda(e_i) = \lambda(e_i')$ であるとする.このとき,T が $\mathbf{R}^3$ の向きを保存する等長変換で $e_1' = T(e_1)$,$H_R(e_1') = T(H_R(e_1))$ ならば,$e_n' = T(e_n), H_R(e_n') = T(H_R(e_n)), H_L(e_n') = T(H_L(e_n))$ も満たされる.

証明 性質 8.1 より, $e_1, H_R(e_1), e_n, H_R(e_n), H_L(e_n)$ の相対的位置関係は, $e_1', H_R(e_1'), e_n', H_R(e_n'), H_L(e_n')$ の相対的位置関係と同じであるから, 性質 8.2 が成り立つ.

性質 8.3 P を, 条件 8.1, 8.2 を満たす多面体であるとする. 任意の $e, e' \in \overline{E}(P)$ に対して, e から出発し, e' または $(e')^r$ で終わる基本道が存在する.

証明 条件 8.1 より, P の面の列 $(f_1, f_2, \ldots, f_n)$ で, $f_1 = f_R(e)$, $f_n = f_R(e')$, かつ $i = 1, 2, \ldots, n-1$ に対して f_i と f_{i+1} が共通の辺 (これを e_i とする) をもつものが存在する. したがって, e から e' または $(e')^r$ までの基本道を次のように構成することができる. e から出発し, 面 f_1 の境界辺を次々とたどり e_1 まで行く. このとき e_1 は, 今たどった向きと同じ向きのものを採用する. 次に e_1 から f_2 の境界をたどり e_2 まで行く. 同様に, e_{n-1} へたどり着くまで, 面 $f_3, f_4, \ldots$ の境界をたどる. 第1に, 条件 8.3 より, 必ず e_{i-1} から e_i へ f_i の回りでたどることができる. 第2に, 今作った道は基本道である. なぜなら, 次の辺として最右辺または最左辺をたどるからである. 最後に e_{n-1} から f_n の境界をたどると, e' または $(e')^r$ へ到達できる.

性質 8.4 P_1 と P_2 は, 条件 8.1, 8.2, 8.3 を満たす 2 つの多面体で, $e_1 \in \overline{G}(P_1), e_2 \in \overline{G}(P_2)$ であるとする. e_1 を e_2 へ写す P_1 から P_2 への合同変換があることと, e_1 と e_2 が識別不可能であることとは等価である.

証明 P_1 から P_2 への合同変換で e_1 を e_2 へ写すものが存在するときには, e_1 と e_2 は識別不可能である.

今, e_1 と e_2 が識別不可能であるとする. このとき, 向きを保存する合同変換 T で $e_2 = T(e_1)$, $H_R(e_2) = T(H_R(e_1))$ を満たすものが存在する. e_3 を $\overline{G}(P)$ の任意の辺とする. 性質 8.3 より, e_1 から出発して, e_3 または $(e_3)^r$ で終わる基本道が存在する. これを p とする. p_2 を, e_2 から出発し, p_1 に対応する基本道とし, p_2 の最後の辺を e_4 とする. e_1 と e_2 は識別不可能だから, 性質 8.2 より, $e_4 = T(e_3)$, $H_R(e_4) = T(H_R(e_3))$, $H_L(e_4) = T(H_L(e_3))$ が成り立つ. e_3 は任意の辺であるから, T は P_1 を P_2 へ写す. すなわち, P_1 と P_2 は合同である.

以上で, 多面体の合同判定アルゴリズムを記述するための準備は整った. 性質

8.1 多面体の合同判定

8.4 より，次のアルゴリズムを構成することができる．

アルゴリズム 8.1（多面体の合同判定）
入力：多面体 P_1 と P_2
出力：合同変換で互いに対応する辺の同値類への分割
手続き：

1. すべての辺 $e \in \overline{E}(P_1) \cup \overline{E}(P_2)$ に対して，$\lambda(e)$ を計算する．
2. 辺集合 $\overline{E}(P_1) \cup \overline{E}(P_2)$ を，$\lambda(e) = \lambda(e')$ のとき e と e' を同値とみなすという同値関係によって，同値類 $B(1), B(2), \ldots, B(k)$ $(k \geq 1)$ へ分割する．
3. $1 \leq i \leq k$ の中に，$B(i) \subseteq \overline{E}(P_1)$ または $B(i) \subseteq \overline{E}(P_2)$ を満たす i があれば，P_1 と P_2 は合同ではないと判定して処理を終了する．
4. 下に定義される手続き SUBDIVIDE によって，$B(1), \ldots, B(k)$ を互いに識別不可能な辺の集合へ分割する．その結果得られる分割を $B(1), B(2), \ldots, B(l)$ $(l \geq k)$ とする．
5. $B(1) \cap \overline{E}(P_1) \neq \emptyset$ かつ $B(1) \cap \overline{E}(P_2) \neq \emptyset$ ならば，P_1 と P_2 は合同であると判定し，そうでなければ合同ではないと判定して，処理を終了する．

手続き SUBDIVIDE

1. WAIT $\leftarrow \{(1, \mathrm{R}), (1, \mathrm{L}), \ldots, (k, \mathrm{R}), (k, \mathrm{L})\}$
2. $l \leftarrow k$
3. WAIT が空でない間，次を実行する．
   3.1 WAIT から 1 つの要素 (i, D) を取り出す．
   3.2 MOVE $\leftarrow \{g_D^{-1}(e) \mid e \in B(i)\}$
   3.3 $B(j) \cap \mathrm{MOVE} \neq \emptyset$ かつ $B(j) \not\subseteq \mathrm{MOVE}$ を満たす j に対して次を行う．
   　3.3.1 $l \leftarrow l + 1$
   　3.3.2 新しいグループ $B(l)$ を作る．
   　3.3.3 $B(l) \leftarrow B(j) \cap \mathrm{MOVE}$
   　　　　$B(j) \leftarrow B(j) \backslash B(l)$
   　3.3.4 もし $(j, D) \in$ WAIT なら (l, D) を WAIT に加え，さもなければ次を行う．
   　　3.3.4.1 もし $|B(j)| \leq |B(l)|$ なら (j, D) を WAIT に加え，さもなければ (l, D) を WAIT に加える． □

アルゴリズム 8.1 の振舞いは次のとおりである．ステップ 1 ですべての有向辺 e に対して $\lambda(e)$ を計算し，ステップ 2 で λ の値が等しいもの同士の同値類へ分割する．ステップ 3 では，この同値類の中に，P_1 の辺のみあるいは P_2 の辺のみからなる同値類があるか否かを調べ，あれば，そこに属す辺はもう一方の多面体に対応する辺をもたないことを意味するから，この時点で合同ではないと判定する．ここで決着がつかなかったら，ステップ 4 で，すべての同値類を互いに識別不可能な辺の同値類へ細分する．そしてやはり P_1 の辺のみあるいは P_2 の辺のみからなる同値類があれば，合同ではないと判定し，なければ合同であると判定する．したがって，このアルゴリズムの主要な処理は λ の値が等しい辺からなる同値類を，互いに識別不可能な辺からなる同値類へ細分する手続き SUBDIVIDE である．

SUBDIVIDE では，アルゴリズム 8.1 のステップ 2 で作った k 個の同値類に対して，$(i, \mathrm{R}), (i, \mathrm{L}), i = 1, 2, \ldots, k,$ を WAIT へ入れる．(i, R) は，同値類 $B(i)$ に属す辺 e と辺 $g_\mathrm{R}^{-1}(e)$ との関係が，$B(i)$ 内のすべての辺に関して同じか否かを調べる必要があることを表す．同様に，(i, L) は辺 $e \in B(i)$ と辺 $g_\mathrm{L}^{-1}(e)$ の関係が，$B(i)$ 内のすべての辺に関して同じか否かを調べる必要があることを表す．このあと，λ の値の等しい同値類を，互いに識別不可能な辺からなる同値類へ細分するのであるが，その途中で $B(1), \ldots, B(k)$ が順次分割されていく．このとき現れる集合をブロックと呼ぶことにしよう．ステップ 2 では，ブロックの数 l を k に初期化する．ステップ 3 では，まず 3.1 で WAIT から 1 つの要素 (i, D) を取り出す．ここで $D = \mathrm{R}$ または $D = \mathrm{L}$ である．3.2 でブロック $B(i)$ に属す辺 e の隣りの辺 $g_D^{-1}(e)$ の集合 MOVE を作る．そして 3.3 で，MOVE と共通部分をもつが MOVE に完全に含まれるわけではないすべてのブロック $B(j)$ に対して，3.3.1 でブロックの数 l を 1 つ増加し，3.3.2 で $B(j)$ をブロック $B(j)$ とブロック $B(l)$ に分割する．ただし，$B(j)$ は，元の $B(j)$ と MOVE の共通部分，$B(l)$ は $B(j)$ のうち MOVE に含まれない部分である（ステップ 3.3.3）．3.3.4 では，(j, D) が WAIT に入っているなら (l, D) も WAIT に入れ，そうでなければ $B(j)$ のほうが $B(l)$ より要素数が小さければ (j, D) を WAIT に入れ，そうでなければ (l, D) を WAIT に入れる．

性質 8.5 アルゴリズム 8.1 のステップ 2 で作られたブロック $B(1), B(2), \ldots, B(k)$

が入力として与えられたら，手続き SUBDIVIDE が終了したとき，$B(1), B(2)$, $\ldots, B(l)$ は $\overline{E}(P_1) \cup \overline{E}(P_2)$ の互いに識別不可能な辺集合への分割と一致する．

この性質の証明は，3 連結平面グラフの同型判定アルゴリズムの正しさの証明 (Hopcroft and Tarjan)[60] と同じなので省略し，ここでは，この性質が成り立つことを直感的な議論で確かめることにする．

SUBDIVIDE でやっていることは，各ブロック $B(i)$ と各 D (R または L) に対して，ある別のブロック $B(j)$ に写像 g_D を施した結果が完全に $B(i)$ と一致するか否かを調べ，一致すればそのままにし，一致しなければ $B(j)$ のうち写像 G_D で $B(i)$ へ移るもの（すなわち $B(j) \cap$ MOVE）とそれ以外のもの（すなわち $B(j) \backslash$ MOVE）へ分割する操作を繰り返すことである．実際にステップ 3.2 で作った MOVE は，g_D を施すと $B(i)$ へ移る辺の集合であり，ステップ 3.2 ではこの MOVE が 2 つ以上のブロックにまたがっているか否かを調べている．すなわち，MOVE の一部のみを含むブロックがステップ 3.3 で見つけた $B(j)$ である．このような $B(j)$ があるということは，$B(j)$ の中に互いに識別可能なものがあることを意味する．そこで，$B(j)$ を，g_D で $B(i)$ へ移るものとそうでないものに分割する．この作業が，ステップ 3.3.1 から 3.3.3 で行っていることである．

$B(j)$ を分割したら，その影響で g_D で $B(j)$ へ移るブロックも細分される可能性があるから，それをのちに調べるために，必要な情報を WAIT へ入れる．この操作を行っているのが，ステップ 3.3.4 である．すなわち，(j, D) が WAIT に入っていれば，(l, D) も WAIT に入れる．一方，(j, D) が WAIT に入っていない場合は，(j, D) についての同様のチェックは古い $B(j)$ に対してすでに済んでいることを意味し，今 $B(j)$ に分割を施した影響を調べ直すために，再度 WAIT に入れる必要がある．このとき，分割後の $B(j), B(l)$ に対する (j, D) と (l, D) の両方ではなく，一方のみを WAIT へ入れればよいところが重要である．これは，$B(j)$ と $B(l)$ のどちらに対して調べても写像 g_D で一方へ写るものともう一方へ写るものを分離できるからである．そこで，ステップ 3.3.4.1 では，$B(j)$ と $B(l)$ のうち要素数の小さい方に対するもののみを WAIT へ入れている．これが，次に示すようにアルゴリズムの効率を決めている．

性質 8.6 多面体 P_1 と P_2 は条件 8.1, 8.2, 8.3 を満たし，$|E(P_1)| = |E(P_2)| = n$

とする．アルゴリズム 8.1 は，P_1 と P_2 が合同か否かを正しく判定し，その時間複雑度は $O(n \log n)$ である．

アルゴリズム 8.1 が正しく合同判定を行うことは上で見たとおりである．ここでは，時間複雑度について考えよう．アルゴリズム 8.1 のステップ 1 は $O(n)$ で実行できる．ステップ 2 は，$\lambda(e)$ の辞書式順序に従って $\overline{E}(P_1) \cup \overline{E}(P_2)$ をソートすれば達成できるから $O(n \log n)$ で実行できる．ステップ 3 は，すべての辺を調べればよいから $O(n)$ で実行できる．ステップ 5 も $O(n)$ で実行できる．

残るはステップ 4（すなわち SUBDIVIDE）である．SUBDIVIDE の中では，ステップ 1 は $O(n)$，ステップ 2 は $O(1)$ で実行できる．ステップ 3 では，ブロックを分割していく．初期状態で WAIT に入っているすべての (i, D) に対して対応するブロックに属する辺を調べる．元の多面体の 1 つの辺は向き付けの操作で 2 つに増え，g_R と g_L の 2 つの写像で調べられるから 4 回調べられるといえる．したがって，調べられる辺ののべ総数は $4n = O(n)$ である．ステップ 3.1 でいったん WAIT から取り出されると，次に WAIT に入るときは，2 つに分割されたブロックのうちの小さい方だけであるから WAIT に 2 回入るものは全体の 2 分の 1，3 回入るものはその 2 分の 1，などである．したがって調べられる辺ののべ総数は $O(n \log n)$ であり，これが SUBDIVIDE の時間複雑度である．

以上の考察により，性質 8.6 が成り立つことが示された．

アルゴリズム 8.1 では，P_1 と P_2 を入力として与えて，それらが合同か否かを調べることができたが，それ以外の使い方もできる．入力として P のみすなわち $\overline{E}(P)$ の λ による同値類への分割のみを与えて，同様の手続きを施すと，P から P 自身への合同対応がいくつあるかを調べることができる．また，s 個の多面体 $P_1, P_2, \ldots, P_s$ に対して同様のアルゴリズムを施すと，これらの多面体を互いに合同なものに分割することができる．

8.2 タイリング可能図形の探索

前節では，2 つの図形が厳密に同じ形かどうかを問う問題を扱った．これに対して，もう少し条件をゆるめて，厳密に同じかどうかではなくて，互いに似てい

8.2 タイリング可能図形の探索

る図形を探したい場合も多い．このとき，2つの図形が陽に与えられてどれほど似ているかを調べたい場面もあれば，図形は1つだけ与えられて，ある条件を満たすものでその図形に最も近いものを作りたいという場面もある．本節では，後者に属す問題を1つ取り上げる．それは，与えられた2次元図形に対して，それに最も近くてタイリング可能な図形を見つける問題である．

タイリングとは，タイルと呼ばれる図形で重なりもすき間もなく平面を埋め尽くす構造である．タイリングは古くから，正多角形などの基本的な図形を使った無機質な幾何模様で壁や床を覆う芸術として発展してきた．このタイルを生き物などの複雑な形にしてタイリング芸術に革命をもたらしたのが，オランダの版画家エッシャーである．鳥やトカゲなどの複雑な形のタイルでも平面を埋め尽くせることを示し，不思議な世界を開拓した．

本節では，このエッシャーのようなタイリング芸術の創作を，計算幾何の技術を使って支援する方法を考える．とくに，1種類のタイルだけを使ったタイリングを対象とする．このようなタイルの形は特殊なものに限られる．勝手な図形を与えてもタイリングはできない．平面に並べると，重なったりすき間ができたりするのが普通である．

そこで，こんな形のタイルで平面を覆いたいという目標図形をまず与え，それになるべく近くてタイリングが可能なタイルの形を探すという問題を考える．この問題は，**エッシャー化問題** (Escherization problem) と呼ばれる．カプラン (Kaplan) とサレシン (Salesin) が最初に提唱し，発見的な解法を与えた[76,77]．その後，性能においても効率においてもより優れた方法が，Koizumi and Sugihara[85] によって与えられた．本節では後者の方法を紹介する．

$T = \{t_1, t_2, \ldots\}$ を，平面 $\mathbf{R}^2$ 内の可算無限個の領域の族とする．これらの領域は境界以外に共通点をもたず，平面がこれらの領域によって覆われるとき，T を**タイリング** (tiling) と呼び，T の要素を**タイル** (tile) と呼ぶ．すなわち，$T = \{t_1, t_2, \ldots\}$ がタイリングであるとは，

$$\text{Int}(t_i) \cap \text{Int}(t_j) = \emptyset, \quad i \neq j, \tag{8.7}$$

$$\bigcup_{t_i \in T} t_i = \mathbf{R}^2 \tag{8.8}$$

が満たされることをいう．

すべてのタイルが互いに合同のとき T は，**単一タイルによるタイリング** (monohedral tiling)[53] と呼ばれる．単一タイルによるタイリング T において，任意の 2 つのタイル $t_i, t_j \in T$ の一方を他方へ写し，タイリング自体を不変に保つ合同変換が存在するとき，T をアイソヒドラルタイリング (isohedral tiling) という．

アイソヒドラルタイリングでは，どの 2 つのタイルをとっても一方から他方へ移る合同変換があるため，1 つのタイルとその回りのタイルとの関係は，どのタイルをとっても同じである．したがって，タイルを複雑な形へ変形することが比較的容易である．実際，エッシャーのタイリング作品でも，アイソヒドラルタイリングが利用されている．また，どのような合同変換によってタイルが互いに移り合うかのパターンに従って，アイソヒドラルタイリングは 17 種類に分類される[53]．

タイリングにおいて，2 つのタイルの境界が共有する曲線をタイリング辺 (tiling edge)，3 つ以上のタイルの境界が共有する点をタイリング頂点 (tiling vertex) という．タイリング頂点とタイリング辺はグラフを定める．このグラフ構造に着目すると，アイソヒドラルタイリングの 17 種類のパターンは，細分され，全部で 93 種類に分類されることもわかっている[53]．

こんな図形で平面を埋め尽くしたいという希望の図形を W としよう．これを目標図形 (goal shape) と呼ぼう．そしてこの図形を，反時計回りに囲む境界曲線を近似する点列で表すものとする．W は人が与えるものである．

もう一方で，これから見つけたいタイリング可能図形 (tilable shape) を Q としよう．Q も，W を近似する点列と 1 対 1 対応のとれた境界点列で表すものとする．すなわち，Q の境界を表す点列を $q_1, q_2, \ldots, q_n$ とし，その座標を $q_i = (x_i, y_i)$ とする．これに対して，W の境界を表す点列を $w_1, w_2, \ldots, w_n$ とし，その座標を $w_i = (\bar{x}_i, \bar{y}_i)$ とする．W は与えられているから $\bar{x}_i, \bar{y}_i$ は既知の実数である．一方，Q はこれから見つけたい未知の図形であるから，x_i, y_i は未知数である．

以下では W が与えられたとき Q を定めたいのであるが，Q が満たす条件は次の 2 つである．

条件 8.4 Q をタイルに使ったアイソヒドラルタイリングが存在する．

条件 8.5 Q は，条件 8.4 を満たす範囲でできるだけ W に近い．

次に，これらの条件がどのように表せるかを見てみよう．

まず条件 8.4 について考える．アイソヒドラルタイリングのグラフ構造に着目した 93 種類のパターンには IH1〜IH93 という名前がつけられている[53]．その中の 1 つを指定すると，それによってタイリング可能となる条件は未知数 $x_1, y_1, \ldots, x_n, y_n$ に関して線形な制約となる．このことを例で見てみよう．IH31 というパターンのタイリングの例を図 8.3 に示す．文字 F を正しい姿勢で添えた縦と横の辺の長さの比が 2 : 1 の長方形を基本タイルとみなす．このタイルの右上の頂点を中心として，90 度回転させる合同変換を 3 回施して，4 つのタイルを置く．この状況が同図の (a) である．これをひとまとまりとして，右上，右下，左上，左下へ平行移動して敷き詰めた状況が同図の (b) である．これによって平面を覆うタイリングが IH31 と呼ばれるものである．

このタイリングにおいて，それぞれのタイルは 5 つのタイリング頂点と 5 つのタイリング辺をもつ．図 8.4 に示すように，基本タイルのタイリング辺に反時計回りの向きと，記号 a, b, c, d, e を与える．そして，タイルを敷き詰めるときには，タイリング辺の向きと記号も一緒にコピーするものとする．すると 5 つのタイリング辺において両側のタイルの辺の向きと記号がどのように組み合わさるかを見ることができる．

図 8.4 からわかるように，タイリング辺 a と b は，逆の向きで向かい合う．c

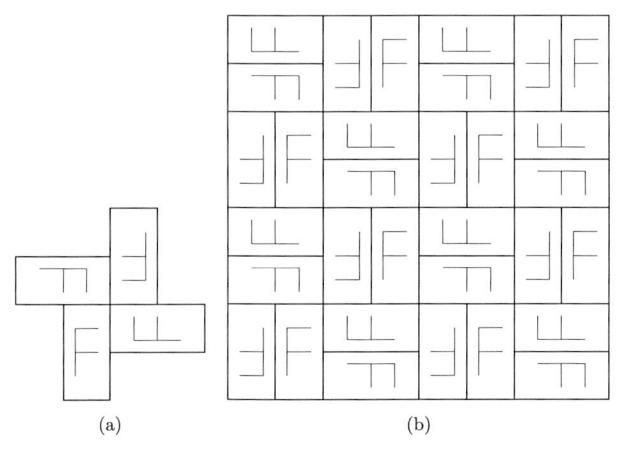

図 **8.3** IH31 のタイリング

176   8. 図形認識問題

と d も逆の向きで向かい合う．一方，e はそれ自身と逆の向きで向かい合う．このことは，タイルの形を複雑なものに変更しようとするとき，IH31 というパターンでタイリングできるという性質を保つためには，a と b の変形が連動し，c と d の変形も連動し，e の変形はそれ自身と連動しなければならないことを意味している．そして，その連動の仕方は，図形 Q の表現において次のように表すことができる．

タイル Q は基本タイルに変形を施して作るものとする．タイル境界を表す折れ線の頂点の数を $n = 6k$（k は整数）とし，それらを等間隔に配置する．図 8.5 のように左下の頂点を q_{6k} とし，その右隣りの頂点を q_1 として，そこから反時計回りに $q_1, q_2, \ldots$ と通し番号をつけるものとする．右下の頂点が q_k，右辺中央が q_{2k}，右上が q_{3k}，左上が q_{4k}，左辺の中央が q_{5k} となる．

まず，タイリング辺 a と b の組合せに着目しよう．図 8.4 に示すように，辺 a と辺 b は，基本タイルの下辺と右辺の下半分で逆の向きで向かい合う．このことは，図 8.5 に示すように下辺の頂点 q_i ($0 \leq i \leq k-1$) を右下の頂点 q_k を中心にして時計回りに 90 度回転させると右辺の対応する頂点 $q_{k+(k-i)} = q_{2k-i}$ に一致することを表している．ただし $q_0 = q_{6k}$ である．このことは次のように表現できる：

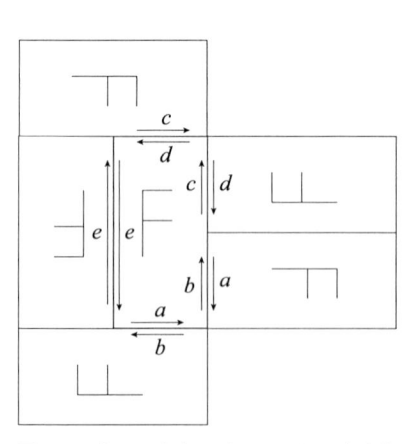

図 8.4　向かい合うタイリング辺の向きと記号の組合せ

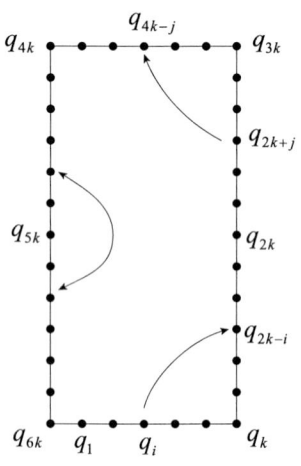

図 8.5　タイリング可能性を保つための条件

8.2 タイリング可能図形の探索

$$\begin{pmatrix} x_{2k-i} \\ y_{2k-i} \end{pmatrix} = \begin{pmatrix} \cos 90° & \sin 90° \\ -\sin 90° & \cos 90° \end{pmatrix} \begin{pmatrix} x_i - x_k \\ y_i - y_k \end{pmatrix} + \begin{pmatrix} x_k \\ y_k \end{pmatrix}$$

$$= \begin{pmatrix} y_i - y_k \\ -x_i + x_k \end{pmatrix} + \begin{pmatrix} x_k \\ y_k \end{pmatrix}, \quad 0 \leq i \leq k-1. \quad (8.9)$$

これらは，Q の x 座標と y 座標に関して線形な方程式である．

次に，タイリング辺 c と d の組合せに着目する．図8.4に示すように，右辺の上半分と上辺において，c と d は逆の向きで向かい合う．したがって，図8.5に示すように，頂点 q_{2k+j} ($0 \leq j \leq k-1$) を頂点 q_{3k} の回りで時計回りに90度回転させると，q_{4k-j} に一致する．このことは次のように表現できる：

$$x_{4k-j} = y_{2k+j} - y_{3k} + x_{3k},$$
$$y_{4k-j} = -x_{2k+j} + x_{3k} + y_{3k}, \quad 0 \leq j \leq k-1. \quad (8.10)$$

最後にタイリング辺 e であるが，これは，図8.4に示すように異なる向きで自分自身と向かい合っているから，辺の中心で180度回転すると自分自身と一致する．すなわち q_{4k+l} ($0 \leq l \leq k-1$) を頂点 q_{5k} の回りで180度回転すると q_{6k-l} に一致する．このことは次のように表すことができる：

$$x_{4k+l} - x_{5k} = -(x_{6k-l} - x_{5k}),$$
$$y_{4k+l} - y_{5k} = -(y_{6k-l} - y_{5k}), \quad 0 \leq l \leq k-1. \quad (8.11)$$

このように，タイプIH31のタイリングができるためには，図形 Q は式 (8.9)，(8.10)，(8.11) の制約を満たさなければならない．これらはすべて未知数に関して線形で斉次（定数項を含まない）である．

すべての未知数を並べてできるベクトルを

$$\boldsymbol{x} = (x_1, y_1, x_2, y_2, \ldots, x_n, y_n) \quad (8.12)$$

としよう．そして，式 (8.9)，(8.10)，(8.11) をまとめて

$$A\boldsymbol{x} = \boldsymbol{0} \quad (8.13)$$

と表すことにする．ここで A は定数行列である．

IH1からIH93のどのタイリングパターンに対しても，同じような斉次の線形

方程式が得られる．

次に条件 8.5 について考えよう．これは，未知の図形 Q をできるだけ目標図形 W に近づけたいという要請である．Q と W の頂点は 1 対 1 に対応しているから，この条件は素直に対応点の距離の 2 乗誤差を最小化することによって達成できよう．すなわち

$$F(Q,W) = \sum_{i=1}^{n}(x_i - \overline{x}_i)^2 + (y_i - \overline{y}_i)^2 \quad \rightarrow \quad \min \tag{8.14}$$

を達成すればよい．

このように目標図形に最も近いタイリング可能図形を求める問題は，タイリングのパターンを 1 つ固定すると，線形制約 (8.13) のもとで 2 次の目的関数 (8.14) を最小化する問題に帰着できた．

式 (8.13) は線形連立方程式であるから解くことができる．上で取り上げたタイプ IH31 の場合には，この連立方程式は $12k$ 個の変数に関する $6k$ 個の方程式からなる．したがって，行列 A は $6k$ 行 12 列の横長の行列である．今，A の中の $6k$ 個の線形独立な列ベクトルを集めて，それを並べてできる正方行列を A_1 とおくとしよう．そして，A のうち残りの列ベクトルを集めてできる行列を A_2 とする．

$$A = \begin{array}{|c|c|} \hline A_1 & A_2 \\ \hline \end{array} \tag{8.15}$$

である．また未知数ベクトル x の順序を入れ替えて A_1 に対応する未知数を並べた列ベクトルを u_1，A_2 に対応する未知数を並べた列ベクトルを u_2 とする．すると，式 (8.13) は

$$A_1 u_1 + A_2 u_2 = \mathbf{0} \tag{8.16}$$

と表すことができる．行列 A_1 は正則だから逆行列 A_1^{-1} をもつ．これを両辺に左からかけると

$$u_1 = -A_1^{-1} A_2 u_2 \tag{8.17}$$

が得られる．この u_1, u_2 を用いると，式 (8.14) は

$$F(Q,W) = (u_1 - \overline{u}_1)^\mathrm{t} \cdot (u_1 - \overline{u}_1) + (u_2 - \overline{u}_2)^\mathrm{t} \cdot (u_2 - \overline{u}_2) \tag{8.18}$$

と書ける．ただし，$\overline{u}_1, \overline{u}_2$ は u_1, u_2 に対応する順序で目標図形 W の座標を並べた列ベクトルで，$\cdot$ はベクトルの内積を表す．式 (8.17) を式 (8.18) へ代入し，

8.2 タイリング可能図形の探索

さらに $\boldsymbol{u}_2$ の成分である未知数（これは図形 Q の x 座標と y 座標のいくつかを並べたものであった）を名前を変えて

$$\boldsymbol{u}_2 = \boldsymbol{z} = (z_1, z_2, \cdots, z_n)^{\mathrm{t}} \tag{8.19}$$

とおく．その結果

$$\begin{aligned}F(Q,W) = & (-A_1^{-1}A_2\boldsymbol{z} - \overline{\boldsymbol{u}}_1)^{\mathrm{t}} \cdot (-A_1^{-1}A_2\boldsymbol{z} - \overline{\boldsymbol{u}}_1) \\ & + (\boldsymbol{z} - \overline{\boldsymbol{u}}_2)^{\mathrm{t}} \cdot (\boldsymbol{z} - \overline{\boldsymbol{u}}_2)\end{aligned} \tag{8.20}$$

が得られる．これを最小にする $\boldsymbol{z}$ は

$$\frac{\partial F(Q,W)}{\partial z_i} = 0, \qquad i = 1, 2, \ldots, n \tag{8.21}$$

を満たす．この式は

$$(-A_1^{-1}A_2)^{\mathrm{t}} \cdot (-A_1^{-1}A_2\boldsymbol{z} - \overline{\boldsymbol{u}}_1) + (\boldsymbol{z} - \overline{\boldsymbol{u}}_2) = 0 \tag{8.22}$$

すなわち

$$((-A_1^{-1}A_2)^{\mathrm{t}}(-A_1^{-1}A_2) + E)\boldsymbol{z} - (A_1^{-1}A_2)^{\mathrm{t}}\overline{\boldsymbol{u}}_1 - \overline{\boldsymbol{u}}_2 = 0 \tag{8.23}$$

となる．ただし，E は $6k$ 行 $6k$ 列の単位行列である．この連立 1 次方程式の解として Q が得られる．

このように与えられた目標図形に最も近いタイリング可能図形 Q は，連立 1 次方程式を解くことによって得られる．ただし，これは，目標図形 W と求めたいタイル図形 Q の頂点の間に 1 対 1 対応があり，さらにアイソヒドラルタイリングの種類を 1 つ指定したときのことである．したがって目標図形 W に最も近いタイリング可能図形 Q を求めるためには，93 種のアイソヒドラルタイリングのそれぞれに対して，同様の計算を行うことになる．実際には，93 種類のタイリングパターンの中には，明らかにおもしろいタイリングを生成できないものや，他のパターンの部分パターンとなるものがあり，それらについては調べなくてもよい．また各タイリングパターンに対して，W と Q の頂点のすべての 1 対 1 対応に対して，同様の連立 1 次方程式を解かなければならない．1 対 1 対応は始点の対応を決めれば定まるから，図形の境界を表す点の個数と同じ回数だけ，連立方程式を解けばよい．

この方法で作ったタイリングの例を図 8.6 に示す．この図の (a) の外側の点列

(a) (b)

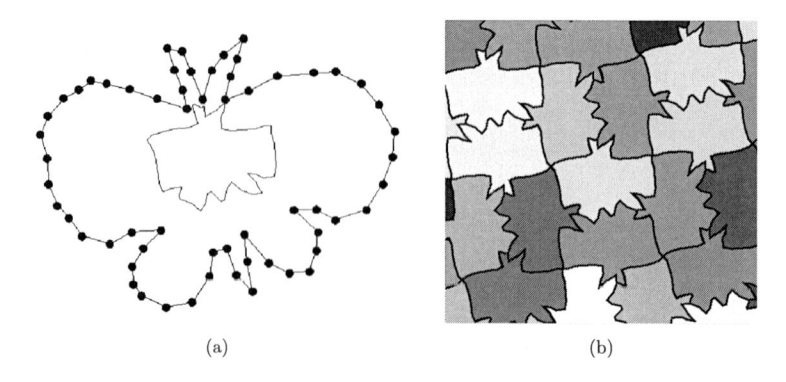

図 8.6 目標図形「チョウ」から得られたタイリング（このタイリングは，小泉拓氏の
ソフトウェア[85]）を使って作ったものである）

が与えられた目標図形 W で，内側の図形がこれに対して本手法で得られたタイル図形 Q を少し縮小して表示したものである．そして，これによって得られるタイリングが，同図の (b) である．

8.3 投影図からの立体認識

人は網膜に写った投影図から立体を認識することができる．これをコンピュータで代行する方法を考える．ここで対象とする立体は，多面体であるとする．立体をある視点位置から見て，投影面へ投影した投影図を D とする．図 8.7 に示すように，3次元空間に xyz 直交座標系を定め，D を xy 平面に固定する．D に描かれている頂点の集合を V，面の集合を F とし，頂点 $v \in V$ とそれが含まれる

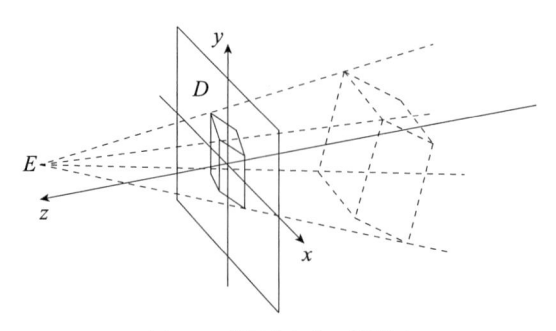

図 8.7 多面体とその投影図

面 $f \in F$ との対 (v, f) の集合を R とする．R の要素を**接続対** (incidence pair) という．

投影図 D を視点 $E = (e_x, e_y, e_z)$, $e_z \neq 0$, から眺めて立体を復元する問題を考える．これは，立体を E を投影中心として xy 平面へ投影した結果 D が得られたとみなして，元の立体を探索する問題である．

頂点 $v_i \in V$ の投影図上の座標を $(x_i, y_i, 0)$ とする．この座標の第 3 成分が 0 なのは，投影図が xy 平面に固定されているからである．投影図は与えられているから x_i, y_i は既知の実数である．投影像が v_i となる元の立体の頂点を v_i^* とし，その座標を (x_i^*, y_i^*, z_i^*) とおく．v_i^* は，視点 E から出て投影像 v_i を通る半直線上にある．この半直線は，パラメータ s_i を用いて

$$\begin{pmatrix} x \\ y \\ z \end{pmatrix} = \begin{pmatrix} e_x \\ e_y \\ e_z \end{pmatrix} + s_i \begin{pmatrix} x_i - e_x \\ y_i - e_y \\ -e_z \end{pmatrix}, \quad s_i > 0 \quad (8.24)$$

と書くことができる．s_i は未知数である．

一方，投影図の中の面 $f_j \in F$ に対応する 3 次元空間の面を f_j^* とし，f_j^* を含む平面を

$$a_j(x - e_x) + b_j(y - e_y) + c_j(z - e_z) + 1 = 0 \quad (8.25)$$

とおく．a_j, b_j, c_j はすべて未知数である．この式では E を含む面は表現できない．ここで，視点 E は多面体のどの面の延長上にもないものとする．これは，すなわち，立体の面が線に縮退して見えることはないという意味である．この仮定を設ければ，平面を式 (8.25) の形で表しても不都合はない．

今，$(v_i, f_j) \in R$ であるとしよう．このときは式 (8.24) で表される点は，式 (8.25) で表される面に含まれるから，前者を後者に代入して

$$a_j(x_i - e_x)s_i + b_j(y_i - e_y)s_i - c_j s_i + 1 = 0 \quad (8.26)$$

が得られる．ここで

$$t_i = \frac{1}{s_i} \quad (8.27)$$

とおく．すると式 (8.26) は

$$a_j(x_i - e_x) + b_j(y_i - e_y) - c_j + t_i = 0 \quad (8.28)$$

と書きかえることができる．これは未知数 t_i, a_j, b_j, c_j に関して線形な方程式である．R に属すすべての接続対に対して同じような線形方程式が得られるから，それらを全部集めてできる連立 1 次方程式を

$$A\boldsymbol{w} = \boldsymbol{0} \tag{8.29}$$

とおく．ただし，$\boldsymbol{w}$ は未知数ベクトル

$$\boldsymbol{w} = (t_1, t_2, \ldots, t_{|V|}, a_1, b_1, c_1, \ldots, a_{|F|}, b_{|F|}, c_{|F|})^{\mathrm{t}} \tag{8.30}$$

で，A は定数ベクトルである．

立体が復元できるためには，立体の各部分同士の相対的な遠近関係の制約も満たさなければならない．図 8.8(a) に示すように面 f_j の境界上の稜線 l が山の尾根のように出っ張っており，その稜線の反対側の面の図の位置に頂点 v_i があるとしよう．このとき，3 次元空間の面 $f_j{}^*$ を延長してできる平面は，頂点 $v_i{}^*$ と視点 E の間を横切る．この条件は

$$a_j(x_i - e_x) + b_j(y_i - e_y) - c_j + t_i < 0 \tag{8.31}$$

と表すことができる．この式が成り立つことは，$v_i{}^*$ が $f_j{}^*$ に乗っていることを表す式 (8.28) の等号を不等号に置き換えたものであることから理解できよう．図 8.8(a) に示すように，面 f_j の境界上のもう 1 つの稜線 l' が谷底のように両側の面が引っ込んで交わってできており，l' の反対側の面の図の位置に頂点 v_k があるとしよう．このときには，面 $f_j{}^*$ を延長した平面は視点から見て $v_k{}^*$ より遠くを通るから，反対向きの不等式

$$a_k(x_i - e_x) + b_k(y_i - e_y) - c_k + t_i > 0 \tag{8.32}$$

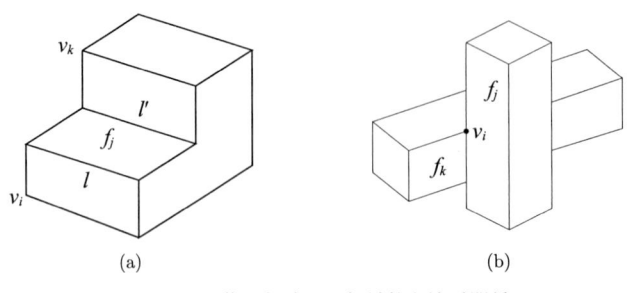

図 8.8 立体の部分間の相対的な遠近関係

が成り立つ．

また，図 8.8(b) に示すように，立体の一部が他の部分に隠されるところでも相対的な遠近関係の制約が生じる．この図のように点 v_i（これは立体の頂点には対応しないが，投影図の中で隠す稜線と隠される稜線の交点が作る T 字形の接続点として識別できる）で，面 f_j が面 f_k を隠しているとしよう．このときには「v_i^* が f_j^* に乗っていて，かつ f_k^* より視点に近い」から，

$$a_j(x_i - e_x) + b_j(y_i - e_y) - c_j + t_i = 0, \tag{8.33}$$

$$a_k(x_i - e_x) + b_k(y_i - e_y) - c_k + t_i < 0 \tag{8.34}$$

の 2 つの式で表すことができる．ただし，今は，v_i^* が f_k^* より真に視点に近い（v_i^* は f_k^* には接触していない）ことがわかっているものとする．接触する可能性もある場合には，式 (8.34) の等号を含まない不等号の代わりに等号も含む不等式を用いればよい．

このように，立体の相対的な遠近関係は 1 次不等式で表すことができる．これらのすべての不等式を集めたものを

$$B\boldsymbol{w} > \boldsymbol{0} \tag{8.35}$$

と表すことにする．

以上の方法で構成した式 (8.29)，(8.35) が解をもつか否かによって，投影図 D が立体を表しているか否かを厳密に判定できる．しかし，この方法は実用的ではない．なぜなら，人間にとって正しい投影図とみなせるものに対しても，これらの方程式・不等式を満たす解が存在しない場合があるからである．

たとえば図 8.9(a) の投影図は，人にとっては四角錐台であると解釈できる．しかし，この投影図に対する式 (8.29)，(8.35) は解をもたない．このことは，同図

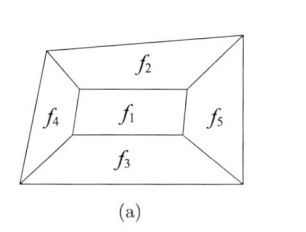

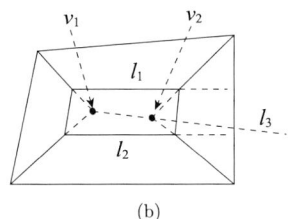

図 8.9　人は立体を読み取ることができるが厳密な意味では正しくない投影図

の (b) に示すように補助線を引いてみると理解できる．(a) に示したように，立体の5つの面を $f_1, \ldots, f_5$ とする．これらに対する空間での面を表す記号 f_i^* を，それを含む平面も表すものとする．図 8.9(b) に示すように f_1^* と f_2^* の交線を l_1, f_1^* と f_3^* の交線を l_2 とする．同図の補助線からわかるように，v_1^* は平面 f_2^*, f_3^*, f_4^* の交点で，v_2^* は平面 f_2^*, f_3^*, f_5^* の交点である．v_1^* と v_2^* を通る直線を l_3 とする．l_1, l_2, l_3 は平面 f_1^*, f_2^*, f_3^* の2つずつの交線だから，1点で交わるか，あるいはすべてが平行かのいずれかである．しかし，この図の l_1, l_2, l_3 は1点で交わるわけでも互いに平行であるわけでもない．これは矛盾である．したがってこの図は四角錐台の投影図ではない．

このように，人間にとって立体を読み取ることができる図であっても，式 (8.29), (8.35) は解をもたず，数学的には正しくないと判定される．

D が立体の投影図であることがわかっている場合には，連立方程式 (8.29) を次の近似式

$$A\boldsymbol{w} \approx \boldsymbol{0} \tag{8.36}$$

に置き換えることによって，この不都合を回避することができる．このように等号を厳密な拘束と考えないでほぼ等しければよいとみなせば，投影図の頂点位置に少々の誤差が入っていても，立体を復元できる．

D が立体を表すとき，式 (8.35), (8.36) を満たす解は無限にたくさん存在する．投影図から立体を認識する作業は，この解集合の中から目的に合った1つの解を選び出すことである．このためには，さらに制約を追加しなければならない．

たとえば，頂点 v_i^* と v_j^* を結ぶ辺の長さが d であることがわかっていれば

$$(x_i^* - x_j^*)^2 + (y_i^* - y_j^*)^2 + (z_i^* - z_j^*)^2 = d^2 \tag{8.37}$$

という制約が得られる．この式は式 (8.24) を用いると次のように書きかえることができる：

$$(s_i(x_i - e_x) - s_j(x_j - e_x))^2 + (s_i(y_i - e_y) - s_j(y_j - e_y))^2$$
$$+ (s_i e_z - s_j e_z)^2 = d^2. \tag{8.38}$$

また，v_{2i}^* と v_{2i+1}^* ($i = 1, 2, \ldots, k$) が共通の面に対して面対称であることがわかっている場合には，その面を

$$ax + by + cz + 1 = 0 \tag{8.39}$$

とおくと，v_{2i}^* と v_{2i+1}^* を結ぶ線分がこの面の法線方向を向くから

$$\frac{s_i(x_i - e_x) - s_j(x_j - e_x)}{a} = \frac{s_i(y_i - e_y) - s_j(y_j - e_y)}{b}$$
$$= \frac{s_i e_z - s_j e_z}{c}, \quad i = 1, 2, \ldots, k, \tag{8.40}$$

という制約が得られる．また，v_{2i}^* と v_{2i+1}^* の中点が上の対称面に含まれるから

$$a(s_i(x_i - e_x) + s_j(x_j - e_x)) + b(s_i(y_i - e_y) + s_j(y_j - e_y))$$
$$+ c(s_i e_z + s_j e_z) + 2 = 0, \quad i = 1, 2, \ldots, k, \tag{8.41}$$

という制約が得られる．ほかにも，2つの面の交角がわかっている場合，1つの面の実形（投影図では平行四辺形に見えるが実は長方形であるなど）がわかっている場合など，様々な付加情報がありうる．

このように付加的情報が与えられる場面では，これらの制約を式 (8.35), (8.36) に追加して近似解を求めることによって，立体を復元できる．ただし，一般に，付加情報は非線形な制約式となるため，解を求めるためにはそれぞれの場面に応じた工夫が必要となる．また，場合によっては，立体の絶対的な大きさは定まらず，拡大・縮小の自由度が残ったままという場合もある．

以上の方法は，D を投影図にもつ立体が存在することがわかっている場合には有効であるが，必ずしも存在するとは限らない場面ではさらに工夫を要する．なぜなら，式 (8.29) を式 (8.36) に置き換えることは，平面でなければならない面を，少しぐらいなら曲面になっていても構わないと条件をゆるめることを意味し，これによってほとんどすべての場合に解が存在することになって，間違った投影図を判別できなくなるからである．

たとえば，図 8.10(a) の投影図は三角錐台を上から見下ろしたところという解釈ができるのに対して，同図 (b) はそんな立体はあるはずがないと感じるものである．(b) はペンローズの三角形 (Penrose triangle) と呼ばれるだまし絵である．このように絵には描けるが立体としては作れない構造は**不可能物体** (impossible object) と呼ばれる．しかし，この2つの図は，方程式で表すと同じような構造をもっている．なぜなら，図に示すように，どちらも3つの面 f_1, f_2, f_3 の2つずつが共通の辺をもち，f_1 と f_2 の共通の辺上に v_1, v_2 があり，f_2 と f_3 の共通の辺上に v_3, v_4 があり，f_3 と f_1 の共通の辺上に v_5, v_6 がある．図 8.10(a) は，人にとっては三角錐台を上から見下ろしたところと解釈できるが，対応する式 (8.29),

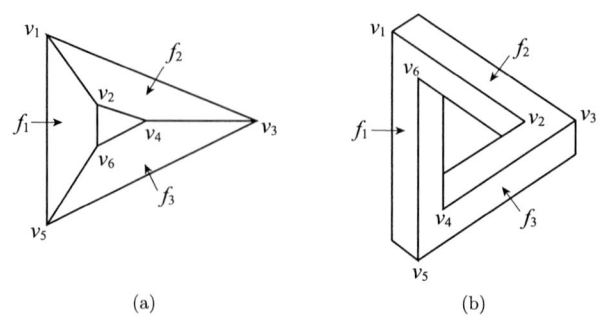

図 8.10　正しい投影図とだまし絵

(8.35) は解をもたない．なぜなら，これが三角錐台なら，f_1^* と f_2^* の交線，f_2^* と f_3^* の交線，f_3^* と f_1^* の交線は延長すると 1 点で交わらなければならないが，絵の中の頂点位置にデジタル化の誤差が含まれる現実の計算環境では，一般には 1 点では交わらないからである．だから，図 8.10(a)，(b) のどちらの図に対しても式 (8.29)，(8.35) は解をもたないが，式 (8.35)，(8.36) は解をもつ．したがって，式 (8.29) を使っても式 (8.36) を使っても，一方が正しくもう一方が誤りであることが識別できない．

図 8.9(a) の投影図に対して，物理的には立体を表さないが直感的には立体を読み取れるというギャップの原因は，連立方程式 (8.29) が必要以上の冗長な方程式を含むところにある．詳しいことは文献[126, 140]にゆずるが，次の性質が成り立つことがわかっている．

投影図 D に描かれている面の集合 F の任意の部分集合 $X \subseteq F$ に対して，X に含まれる面に乗っている頂点の集合を

$$V(X) = \{v \in V \mid (v, f) \in R, f \in X\} \tag{8.42}$$

とし，X に含まれる面にかかわる接続対の集合を

$$R(X) = \{(v, f) \mid v \in V, f \in X, (v, f) \in R\} \tag{8.43}$$

とする．

このとき，次の性質が成り立つ．連立方程式 (8.29) が冗長な方程式を含まないためには，任意の $X \subseteq F, |X| \geq 2$ に対して

$$|V(X)| + 3|X| \geq |R(X)| + 4 \tag{8.44}$$

8.3 投影図からの立体認識

が成り立つことが必要十分である．

これによって式 (8.29) に冗長な方程式が含まれているか否かが判定できるだけでなく，含まれている場合には，冗長な方程式を取り除くこともできる．取り除いたあとの連立方程式を不等式 (8.35) と組み合わせることによって，頂点の位置に少々の誤差が入ったために解がないのか（図 8.10(a) がこれに当たる），あるいは不等式 (8.35) に本質的な矛盾があるために解がないのか（図 8.10(b) がこれに当たる）を区別することができる．

その結果，不可能立体の絵と実在する立体の投影図とを区別でき，従来から不可能立体の絵と思われていたものの中に，立体として作れるものがあることも見つかった．その一例を図 8.11, 8.12 に示す．この図 8.11 は，4 本の柱が描かれているが，床と天井で柱の前後関係が逆転している．これは，オランダの版画家エッシャー (Escher) の作品「ものみの塔」(1958)[42, 117] に描かれている立体の

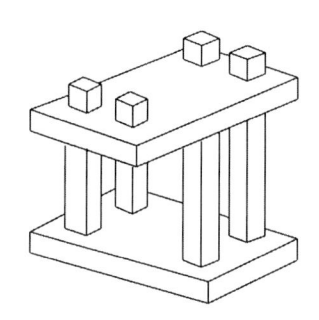

図 **8.11**　だまし絵「冗談の好きな 4 本の柱」

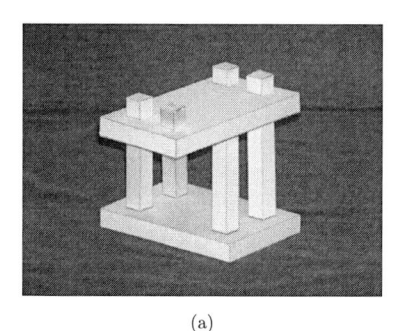

図 **8.12**　図 8.11 の投影図をもつ立体

構造の主要部分を抽出したもので，一般には立体としては作れないと考えられてきた．しかし，式 (8.29) から冗長な方程式を除き，それに式 (8.35) を加えて解を探すと存在し，その解から立体を作ることができる．実際に作った立体の例が図 8.12 である．この図の (a) は，立体を図 8.11 と同じように見える視点から撮影したもので，(b) は同じ立体を別の角度から眺めたものである．

8.4 章末ノート

本章では，図形認識に関連する話題を 3 つ取り上げた．

第 1 の多面体合同判定問題は，Hopcroft and Tarjan の 3 連結平面グラフの合同判定法[60] を利用して Sugihara[125] が構成したものである．グラフの同型判定問題は一般には難しい問題で[27]，多項式オーダのアルゴリズムは知られていない．その中で 3 連結平面グラフに対して効率のよいアルゴリズムが存在する理由は次のとおりである．第 1 に平面グラフであるために平面へ埋め込むことができ，第 2 に 3 連結であるためにその埋め込み方が本質的に 1 通りしかない．この 2 つの性質により，グラフが頂点と辺だけでなくサイクルで囲まれた面の構造を含むことになり，これを利用して効率のよいアルゴリズムが構成できるのである[60,149]．一方，多面体の場合は，頂点と稜線が作るグラフ構造に加えて面の構造もはじめから備わっている．そのために，頂点と稜線が作るグラフが 3 連結性や平面性をもたなくても，効率よく同型判定ができるのである．

ただしこれは，多面体が正確に表現されているという前提の上でのアルゴリズムである．一方，実際に同じか否かを判定したいという図形認識の場面では，ノイズによって図形は厳密な意味で同型であるとは限らない．このような場面で 2 次元および 3 次元の図形認識を行うためのロバストで実用的な方法も多数提案されている．

第 2 のタイリング図形の探索に関しては，Kaplan and Salesin[76,77] で問題が提起され，彼ら自身もヒューリスティックな解法を示したが，その性能を上げたのは，Koizumi and Sugihara[85] である．平面に敷き詰めることのできる複雑なタイルの形を求める問題は，周期的タイリングの数理的理論[53,93] が背景にある．これらの知見に基づいて，単純なタイリングパターンを複雑なタイリングパターンへ変更する対話的ソフトウェアシステムの試みには Cervini et al.[23]，Sugihara[138]

などがある．エッシャー自身も，平面の正則分割と呼ばれる一連のタイリングアートの創作には，この方法を用いている[42, 117]．この方法を，タイリングパターンを描くためのルールの形にまとめた本もある[137, 139]．8.2 節で紹介した方法は，目標図形を先に与えて，それに近い形でタイリングできるものを探索するので，うまくいく場合には，意図に合ったタイリングパターンを作る作業は格段に楽になるはずである．しかし，現在の方法も十分に満足のいくものとはいいがたい．現在は図形境界を等間隔の点の列で近似しているが，この制約を外すことによってさらに改良できる可能性が残っている．

8.3 節の線画からの立体認識の方法は，Sugihara[126] による．この方法によれば与えられた線画を投影図にもつ立体を数学的に探索することができる．これは，人が線画を解釈する方法とは大きく異なる．そのために，立体として作ることが不可能に見えるだまし絵に対しても，それを投影図にもつ立体が見つかることがある．これを利用すると，新しい錯視立体を作ることもできる[140]．

8.3 節では，線画に表されている立体の頂点，稜線，面の接続構造はわかっているものとして方程式を導いた．この接続構造を線画から推定する方法も研究されている．有名なのは，頂点辞書と呼ばれる立体に関する知識を利用するもので，Huffman[61]，Clowes[26] など多数の研究がある[75, 124, 148]．

文　　献

1) A. V. Aho, J. E. Hopcroft and J. D. Ullmann, "The Design and Analysis of Computer Algorithms", Addison Wesley, Reading, 1974.（邦訳：野崎昭弘，野下浩平他訳：「アルゴリズムの設計と解析 I，II」，サイエンス社，東京，1977）
2) O. Aichholzer and F. Aurenhammer, "Straight skeletons for general polygonal figures", *Lecture Notes in Computer Science*, no. 1090, 1996, pp. 117–126.
3) B. Aronov, "On the geodesic Voronoi diagram of point sites in a simple polygon", *Algorithmica*, vol. 4 (1989), pp. 109–140.
4) B. Aronov and J. O'Rourke, "Nonoverlap of the star unfolding", *Discrete and Computational Geometry*, vol. 8 (1992), pp. 219–250.
5) 浅野哲夫，"計算幾何学"，朝倉書店，東京，1990.
6) 浅野哲夫，"計算幾何―理論の基礎から実装まで"，共立出版，東京，2007.
7) T. Asano, M. Edahiro, H. Imai, M. Iri and K. Murota, "Practical use of bucketing techniques in computational geometry", in G. T. Toussaint (ed.), "Computational Geometry", North-Holland, Amsterdam, 1985, pp. 153–195.
8) T. Asano, L. J. Guibas and T. Tokuyama, "Walking on an arrangement topologically", *Proceedings of 7th ACM Annual Symposium on Computational Geometry*, 1991, pp. 297–306.
9) F. Aurenhammer, "Power diagrams: properties, algorithms and applications", *SIAM Journal on Computing*, vol. 16 (1987), pp. 78–96.
10) F. Aurenhammer, "Voronoi diagrams — A survey of a fundamental geometric data structure", *ACM Computing Surveys*, vol. 23 (1991), pp. 345–405.（邦訳：杉原厚吉訳，Voronoi 図―一つの基本的な幾何データ構造に関する概論，bit 1993 年 9 月号 別冊「コンピュータ・サイエンス」，共立出版，東京，1993，pp. 131–185）
11) F. Aurenhammer and H. Edelsbrunner, "An optimal algorithm for constructing the weighted Voronoi diagram in the plane", *Pattern Recognition*, vol. 17 (1984), pp. 251–257.
12) F. Aurenhammer and R. Klein, "Voronoi diagrams", In J.-R. Sack and J. Urrutia (eds.): "Handbook of Computational Geometry", Elsevier, Amsterdam, 2000, pp. 201–290.
13) T. Baker, "Automatic mesh generation for complex 3-dimensional regions using a constrained Delaunay triangulation", *Engineering with Computers*, vol. 5 (1989), pp. 161–175.
14) I. J. Balaban, "An optimal algorithm for finding segments intersections", *Proceedings of the 11th ACM Symposium on Computational Geometry*, 1995, pp. 211–219.
15) D. H. Ballard and C. M. Brown, "Computer Vision", Prentice Hall, 1982.

16) M. Benouamer, D. Michelucci and B. Peroche, "Error-free boundary evaluation using lazy rational arithmetic — A detailed implementation", *Proceedings of the 2nd ACM Symposium on Solid Modeling and Applications*, Montrial, 1993, pp. 115–126.
17) J. L. Bentley and T. Ottmann, "Algorithms for reporting and counting geometric intersections", *IEEE Transactions on Computers*, vol. C-28 (1979), pp. 643–647.
18) M. Bern and D. Eppstein, "Mesh generation and optimal triangulation". In D. Z. Du and F. K. Hwang (eds.): "Computing in Euclidean Geometry", World Scientific, Singapore, 1992, pp. 23–90.
19) R, G. Bland, "New finite pivoting rules for the simplex method", *Mathematics of Operations Research*, vol. 2 (1977), pp. 103–107.
20) H. Blum and R. N. Nagel, "Shape description using weighted symmetric axis features", *Pattern Recognition*, vol. 10 (1978), pp. 167–180.
21) J.-D. Boissonnat and M. Yvinec (H. Brönnimann, trans.), "Algorithmic Geometry", Cambridge University Press, Cambridge, 1998.
22) K. Q. Brown, "Voronoi diagrams from convex hulls", *Information Processing Letters*, vol. 9 (1991), pp. 223–228.
23) L. Cervini, R. Farinato and L. Loreto, "The interactive computer graphics (ICG) production of the 17 two-dimensional crystallographic groups, and other related topics", H. S. M. Coxeter et al. (eds.): "M. C. Escher — Art and Science", North-Holland, Amsterdam, 1986, pp. 269–284.
24) B. Chazelle and H. Edelsbrunner, "An improved algorithm for constructing kth-order Voronoi diagrams", *IEEE Transactions on Computers*, vol. 11 (1987), pp. 1349–1354.
25) B. Chazelle and H. Edelsbrunner, "An optimal algorithm for intersecting line segments in the plane", *Journal of Association of Computer Machinery*, vol. 39 (1992), pp. 1–54.
26) M. B. Clowes, "On seeing things", *Artificial Intelligence*, vol. 2 (1971), pp. 79–116.
27) D. G. Corneil and D. G. Kirkpatrick, "A theoretical analysis of various heuristics for the graph isomorphism problem", *SIAM Journal on Computing*, vol. 9 (1980), pp. 281–297.
28) T. Day, C. Bajaj and K. Sugihara, "On good triangulations in three dimensions", *International Journal of Computational Geometry and Applications*, vol. 2 (1992), pp. 75–95.
29) M. de Berg, O. Cheong, M. van Kreveld and M. Overmars, "Computational Geometry: Algorithms and Applications", Springer Verlag, 1st edition, 1987, 3rd edition, 2008.
30) F. Dehne and R. Klein, "The big sweep: On the power of the wavefront approach to Voronoi diagrams", *Algorithmica*, vol. 17 (1997), pp. 19–32.
31) E. D. Demaine and J. O'Rourke, "Geometric Folding Algorithms: Linkages, Origami, Polyhedra", Cambridge University Press, Cambridge, 2007.
32) S. Devadoss and J. O'Rourke, "Discrete and Computational Geometry", Princeton

University Press, 2011.
33) E. Dijkstra, "A note on two problems in connection with graphs", *Numerische Mathematik*, vol. 1 (1959), pp. 269–271.
34) D. Dobkin and D. Silver, "Recipes for geometric and numerical analysis — Part I, An empirical study", *Proceedings of the 4th ACM Annual Symposium on Computational Geometry*, Urbana-Champaign, 1988, pp. 93–105.
35) Q. Du, V. Faber and M. Gunzburger, "Centroidal Voronoi tessellations: Applications and algorithms", *SIAM Review*, vol. 41 (1999), pp. 637–676.
36) H. Edelsbrunner, "Algorithm in Combinatorial Geometry", Springer-Verlag, Berlin, 1987.（邦訳：今井　浩，今井桂子訳，組合せ幾何学のアルゴリズム，共立出版，東京，1995）
37) H. Edelsbrunner, "Geometry and Topology for Mesh Generation", Cambridge University Press, Cambridge, 2001.
38) H. Edelsbrunner and R. Seidel, "Voronoi diagrams and arrangements", *Discrete and Computational Geometry*, vol. 1 (1986), pp. 25–44.
39) H. Edelsbrunner and E. P. Mücke, "Simulation of simplicity — A technique to cope with degenerate cases in geometric algorithms", *Proceedings of the 4th ACM Annual Symposium on Computational Geometry*, Urbana-Champaign, 1988, pp. 118–133.
40) D. Eppstein, "The farthest point Delaunay triangulation minimizes angles", *Computational Geometry: Theory and Applications*, vol. 1 (1992), pp. 43–48.
41) D. Eppstein and J. Erickson, "Raising roofs, crashing cycles, and playing pool: Applications of a data structure for finding pairwise intersections", *Proceedings of the 12th ACM Symposium on Computational Geometry*, Minneapolis, 1998, pp. 58–67.
42) B. Ernst (J. E. Brigham; trans.), "The Magic Mirror of M. C. Escher", Taschen America L. L. C, 1994.
43) D. A. Field, "Laplacian smoothing and Delaunay triangulations", *Communications in Applied Numerical Methods*, vol. 4 (1988), pp. 709–712.
44) D. A. Forsyth and J. Ponce（大北　剛訳），"コンピュータビジョン"，共立出版，東京，2007．
45) S. Fortune, "A sweepline algorithm for Voronoi diagrams", *Algorithmica*, vol. 2 (1987), pp. 153–174.
46) S. Fortune, "Stable maintenance of point set triangulations in two dimensions", *Proceedings of the 30th IEEE Annual Symposium on Foundations of Computer Science, Research Triangle Park*, California, 1989, pp. 494–499.
47) S. Fortune, "Voronoi diagrams and Delaunay triangulations", In D. Z. Du and F. Hwang (eds.): "Computing in Euclidean Geometry", 2nd edition, World Scientific, Singapore, 1995, pp. 225–265.
48) D. S. Franzblau, "Performance guarantees on a sweep-line heuristic for covering rectilinear polygons with rectangles", *SIAM Journal on Discrete Mathematics*, vol. 2 (1989), pp. 307–321.

49) H. Fujii and K. Sugihara, "Properties and an approximation algorithms of round-tour Voronoi diagrams", Transactions of Computational Science IX (M. L. Gavrilova and C. J. Kenneth (eds.): Special Issue on Voronoi Diagrams in Science and Engineering), *Lecture Notes in Computer Science*, no. 6290, 2010, pp. 109–122.

50) P. L. George, "Automatic Mesh Generation — Applications to Finite Element Methods", John Wiley, Chichester, 1991.

51) P. L. George and H. Borouchaki, "Delaunay Triangulation and Meshing — Application to Finite Elements", HERMES, Paris, 1998.

52) J. E. Goodman and J. O'Rourke, "Handbook of Discrete and Computational Geometry", 2nd Edition, CRC Press, 2004.

53) B. Grünbaum and G. C. Shephard, "Tiling and Patterns", W. H. Freeman, New York, 1987.

54) L. Guibas, D. Salesin and J. Stolfi, "Epsilon geometry — Building robust algorithms from imprecise computations", *Proceedings of the 5th ACM Annual Symposium on Computational Geometry*, Saarbrücken, 1989, pp. 208–217.

55) L. Guibas and J. Stolfi, "Primitives for the manipulation of general subdivisions and the computation of Voronoi diagrams", *ACM Transactions on Graphics*, vol. 4 (1985), pp. 74–123.

56) S. I. Hakimi, M. Labbe and E. Schmeichel, "The Voronoi partition of a network and its implications in location theory", *ORSA Journal on Computing*, vol. 4 (1992), pp. 412–417.

57) D. ヒルベルト（中村幸四郎 訳），"幾何学基礎論"，ちくま学芸文庫，筑摩書房，東京，2005.

58) H. Hiyoshi and K. Sugihara, "Improving continuity of Voronoi-based interpolation over Delaunay spheres", *Computational Geometry: Theory and Applications*, vol. 22 (2002), pp. 167–183.

59) C. M. Hoffman, J. Hopcroft and M. Karasick, "Towards implementing robust geometric computations", *Proceedings of the 4th ACM Annual Symposium on Computational Geometry*, Urbana-Champaign, 1988, pp. 106–117.

60) J. E. Hopcroft and R. E. Tarjan, "A $V \log V$ algorithm for isomorphism of triconnected planar graphs", *Journal of Computers and System Sciences*, vol. 7 (1973), pp. 323–331.

61) D. A. Huffman, "Impossible objects as nonsense sentences", In B. Meltzer and D. Michie (eds.): "Machine Intelligence 6", Edinburgh University Press, Edinburgh, 1971, pp. 295–323.

62) H. Imai, M. Iri and K. Murota, "Voronoi diagram in the Laguerre geometry and its applications", *SIAM Journal on Computing*, vol. 14 (1985), pp. 93–105.

63) 今井　浩，今井桂子，"計算幾何学"，共立出版，東京，1994.

64) 今井敏行，杉原厚吉，"誤差による破綻の心配のない線分 Voronoi 図構成算法"，情報処理学会論文誌，vol. 35 (1994), pp. 1966–1977.

65) 稲垣　宏，杉原厚吉，杉江　昇，"3 次元ボロノイ図構成のための数値的に安定な逐次添

加法", 情報処理学会論文誌, vol. 35 (1994), pp. 1–10.
66) M. Iri, "Network Flows, Transportation and Scheduling — Theory and Algorithms", Academic Press, New York, 1969.
67) M. Iri, K. Murota and S. Matsui, "An approximate solution for the problem of optimizing the plotter pen movement", *Proceedings of the 10th IFIP Conference on System Modeling and Optimization, Lecture Notes in Control and Information Sciencse*, no. 38, 1982, Springer-Verlag, Berlin, pp. 572–580.
68) 伊理正夫, 他, "地理的情報の処理に関する基本アルゴリズム", 日本オペレーションズ・リサーチ学会報文集, T-83-1, 1983.
69) 伊理正夫, 藤重 悟, 大山達雄, "グラフ・ネットワーク・マトロイド", 産業図書, 東京, 1986.
70) 伊理正夫(監), "計算幾何学と地理情報処理", bit 別冊, 共立出版, 東京, 1986.
71) 伊理正夫(監), "計算幾何学と地理情報処理, 第 2 版", 共立出版, 東京, 1993.
72) 岩堀長慶, "線形不等式とその応用 — 線形計画法と行列ゲーム", 岩波基礎数学, 岩波書店, 東京, 1977.
73) 彌永昌吉, "幾何学序説", 岩波書店, 東京, 1968.
74) L. Jin, D. Kim, L. Mu, D.-S. Kim and S.-M. Hu, "A sweepline algorithm for Euclidean Voronoi diagram of circles", *Computer-Aided Design*, vol. 38 (2006), pp. 260–272.
75) T. Kanade, "A theory of Origami worlds", *Artificial Intelligence*, vol. 13 (1980), pp. 279–311.
76) C. S. Kaplan and D. H. Salesin, "Escherization", *Proceedings of SIGGRAPH 2000*, July 2000, New Orleans, pp. 499–510.
77) C. S. Kaplan and D. H. Salesin, "Dihedral escherization", *Proceedings of Graphics Interface 2004*, May 2004, London, pp. 255–262.
78) M. Karasick, D. Lieber and L. R. Nackman, "Efficient Delaunay triangulations using rational arithmetic", *ACM Transactions on Graphics*, vol. 10 (1991), pp. 71–91.
79) N. Karmarker, "A new polynomial-time algorithm for linear programming", *Combinatorica*, vol. 4 (1984), pp. 373–395.
80) L. G. Khachian, "Polynomial algorithms in linear programming", *USSR Computational Mathematics and Mathematical Physics*, vol. 20 (1980), pp. 53–72.
81) D.-S. Kim, Y. Cho and D. Kim, "Euclidean Voronoi diagram of 3D balls and its computation via tracing edges", *Computer-Aided Design*, vol. 37 (2005), pp. 1412–1424.
82) D.-S. Kim, B. Lee and K. Sugihara, "A sweep-line algorithm for the inclusion hierarchy among circles", *Japan Journal of Industrial and Applied Mathematics*, vol. 23 (2006), pp. 127–138.
83) 岸本一男, 伊理正夫, "海岸線の真の長さとは何か", 自然, 1980 年 6 月号, pp. 36–43.
84) R. Klein, "Abstract Voronoi diagrams and their applications", *Lecture Notes in Computer Science*, no. 333 (International Workshop on Computational Geometry, Wurzburg, March, 1988), Springer-Verlag, Berlin, 1988, pp. 148–157.
85) H. Koizumi and K. Sugihara, "Maximum eigenvalue problem for escherization",

Graphs and Combinatorics, vol. 27 (2011), pp. 431–439.
86) D. T. Lee, "Two-dimensional Voronoi diagrams in the L_p-metric", *Journal of the Association for Computing Machinery*, vol. 27 (1980), pp. 604–618.
87) D. T. Lee, "Visibility of a simple polygon", *Computer Vision, Graphics, and Image Processing*, vol. 22 (1983), pp. 207–221.
88) D. T. Lee and R. L. Drysdale, "Generalization of Voronoi diagrams in the plane", *SIAM Journal of Computing*, vol. 10 (1981), pp. 73–87.
89) D. T. Lee and F. P. Preparata, "Location of a point in a planar subdivision and its applications", *SIAM Journal on Computing*, vol. 6 (September 1977), pp. 594–606.
90) D. T. Lee and F. P. Preparata, "Computational Geometry—A Survey", *IEEE Transactions on Computers*, vol. 33 (1984), pp. 1072–1101.
91) D. T. Lee and B. J. Schachter, "Two algorithms for constructing a Delaunay triangulation", *International Journal of Computer and Information Sciences*, vol. 9 (1980), pp. 219–242.
92) A. K. Lenstra, "Polynomial factorization by root approximation", *Lecture Notes in Computer Science*, no. 174, 1984, Springer-Verlag, Berlin, pp. 272–276.
93) G. E. Martin, "Transformation Geometry — An Introduction to Symmetry", Springer-Verlag, New York, 1982.
94) K. Mehlhorn and S. Naeher, "LEDA, A Platform for Combinatorial and Geometric Computing", Cambridge University Press, Cambridge, 1999.
95) J. S. B. Mitchell, "Shortest paths among obstacles in the plane", *International Journal of Computational Geometry and Applications*, vol. 6 (1996), pp. 309–332.
96) V. Milenkovic, "Verifiable implementations of geometric algorithms using finite precision arithmetic", *Artificial Intelligence*, vol. 37 (1988), pp. 377–401.
97) V. Milenkovic, "Double precision geometry — A general technique for calculating line and segment intersections using rounded arithmetic", *Proceedings of the 30th IEEE Annual Symposium on Foundations of Computer Science*, 1989, pp. 500–505.
98) R. E. Miles, "Random points, sets and tessellations on the surface of a sphere", *The Indian Journal of Statistics*, Series A, vol. 33 (1971), pp. 145–174.
99) T. Minakawa and K. Sugihara, "Topology oriented vs. exact arithmetic — Experience in implementing the three-dimensional convex hull algorithm", In: H. W. Leong, H. Imai and S. Jain (eds.): Lecture Notes in Computer Science, no. 1350 (*Proceedings of the 8th International Symposium on Algorithms and Computation*), Springer-Verlag, Berlin, 1997, pp. 273–282.
100) 中村幸四郎, 寺阪英孝, 伊東俊太郎, 池田美恵 (訳・解説), "ユークリッド原論", 共立出版, 東京, 1971.
101) T. Nishida and K. Sugihara, "Boat-sail Voronoi diagram and its application", *International Journal of Computational Geometry and Applications*, vol. 19 (2009), pp. 425–440.
102) T. Ohya, M. Iri and K. Murota, "Improvements of the incremental method for the Voronoi diagram with computational comparison of various algorithms", *Journal*

of the Operations Research Society of Japan, vol. 27 (1984), pp. 306–336.

103) 大石泰章, 杉原厚吉, "数値的に安定な分割統治型ボロノイ図構成算法", 情報処理学会論文誌, vol. 32 (1991), pp. 709–720.

104) A. Okabe, B. Boots and K. Sugihara, "Spatial Tessellations — Concepts and Applications of Voronoi Diagrams", John Wiley and Sons, Chichester, 1992.

105) 岡部篤行, 鈴木敦夫, "最適配置の数理", 朝倉書店, 東京, 1992.

106) A. Okabe, B. Boots, K. Sugihara and S.-N. Chiu, "Spatial Tessellations — Concepts and Applications of Voronoi Diagrams", Second Edition, John Wiley and Sons, Chichester, 2000.

107) A. Okabe and K. Sugihara, "Spatial Analysis along Networks — Statistical and Computational Methods", John Wiley, Chichester, 2012.

108) K. Onishi and N. Takayama, "Construction of Voronoi diagram on the upper half plane", *IEICE Transactions on Fundamentals of Electronics, Communications and Computer Sciences*, vol. E79-A (1996), pp. 533–539.

109) J. O'Rourke, "Art Gallery Theorems and Algorithms", Oxford University Press, 1987.

110) J. O'Rourke, "Computational Geometry in C", Cambridge University Press, Cambridge, 1998.

111) F. Preparata and M. I. Shamos, "Computational Geometry — An Introduction", Springer-Verlag, New-York (1985). (邦訳：F. P. プレパラータ, M. I. シェーモス (浅野孝夫, 浅野哲夫訳), 計算幾何学入門, 総研出版社, 1992)

112) J. Ruppert, "A Delaunay refinement algorithm for quality 2-dimensional mesh generation", *Journal of Algorithms*, vol. 18 (1995), pp. 548–585.

113) J. Ruppert and R. Seidel, "On the difficulty of triangulating three-dimensional nonconvex polyhedra", *Discrete and Computational Geometry*, vol. 7 (1992), pp. 227–253.

114) J.-R. Sack and J. Urrutia, "Handbook of Computational Geometry", North-Holland, Amsterdam, 2000.

115) 坂井秀行, 杉原厚吉, "図形の中心軸の安定した生成法", 電子情報通信学会論文誌, vol. J85-D-II, no. 11, 2002, pp. 1637–1644.

116) 佐々木建昭, 今井浩, 浅野孝夫, 杉原厚吉, "計算代数と計算幾何", 岩波講座応用数学, 方法9, 岩波書店, 東京, 1993.

117) D. Schattschneider, "Visions of Symmetry — Notebooks, Periodic Drawings, and Related Work of M. C. Escher", W. H. Freeman, and Company, 1990. (邦訳：D. シャットシュナイダー (梶川泰司訳) "エッシャー 変容の芸術 シンメトリーの発見", 日経サイエンス社, 1991)

118) J. A. Sethian, "Level Set Methods and Fast Marching Methods: Evolving Interfaces in Computational Geometry, Fluid Mechanics, Computer Vision, and Materials Science", Cambridge Monographs on Applied and Computational Mathematics, Cambridge University Press, 1999.

119) M. I. Shamos, "Computational Geometry", Ph. D. Thesis, Department of Computer Science, Yale University, New Haven, 1978.

120) M. I. Shamos and D. Hoey, "Closest-point problems", *Proceedings of the 16th Annual IEEE Symposium on Foundations of Computer Science*, 1975, pp. 151–162.
121) M. Sharir, "Intersection and closest-pair problems for a set of planar discs", *SIAM Journal of Computing*, vol. 14 (1985), pp. 448–468.
122) R. Sibson, "A vector identity for the Dirichlet tessellation", *Mathematical Proceedings of the Cambridge Philosophical Society*, vol. 87 (1980), pp. 151–155.
123) J. A. Storer and J. H. Reif, "Shortest paths in the plane with polygonal obstacles", *Journal of the Association of Computing Machinery*, vol. 41 (1994), pp. 982–1012.
124) K. Sugihara, "Picture language for skeletal polyhedra", *Computer Graphics and Image Processing*, vol. 8 (1978), pp. 382–405.
125) K. Sugihara, "An $n \log n$ algorithm for determining the congruity of polyhedra", *Journal of Computers and System Sciences*, vol. 29 (1984), pp. 36–47.
126) K. Sugihara, "Machine Interpretation of Line Drawings", The MIT Press, Cambridge, 1986.
127) K. Sugihara, "A simple method for avoiding numerical errors and degeneracy in Voronoi diagram construction", *IEICE Transactions on Fundamentals of Electronics, Communications and Computer Sciences*, vol. E75-A (1992), pp. 468–477.
128) K. Sugihara, "Topologically consistent algorithms related to convex polyhedra", Proceedings of the 3rd International Symposium on Algorithms and Computation, ISAAC'92, Nagoya, 1992 (*Lecture Notes in Computer Science*, no. 650, Springer-Verlag, Berlin), pp. 209–218.
129) K. Sugihara, "Voronoi diagrams in a river", *International Journal of Computational Geometry and Applications*, vol. 2 (1992), pp. 29–48.
130) 杉原厚吉，"計算幾何工学"，培風館，東京，1994.
131) 杉原厚吉，"グラフィックスの数理"，共立出版，東京，1995.
132) 杉原厚吉，"FORTRAN 計算幾何プログラミング"，岩波書店，東京，1998.
133) 杉原厚吉，"データ構造とアルゴリズム"，共立出版，東京，2001.
134) 杉原厚吉，"トポロジー"，朝倉書店，東京，2001.
135) K. Sugihara, "Voronoi diagrams", In G. Farin, J. Hoschek and M.-S. Kim (eds.): "Handbook of Computer Aided Geometric Design", Elsevier, Amsterdam, 2002, pp. 429–450.
136) 杉原厚吉，"なわばりの数理モデル"，共立出版，東京，2009.
137) 杉原厚吉，"タイリング描法の基本テクニック"，誠文堂新光社，東京，2009.
138) K. Sugihara, "Voronoi-diagram approach to Escher-like tiling", Proceedings of the 7th International Symposium on Voronoi Diagrams in Science and Engineering, Quebec (June 28-30, 2010), pp. 199–204.
139) 杉原厚吉，"エッシャー・マジック"，東京大学出版会，東京，2011.
140) 杉原厚吉，"だまし絵と線形代数"，共立出版，東京，2012.
141) 杉原厚吉，伊理正夫，"計算誤差による暴走の心配のないソリッドモデラの提案"，情報処理学会論文誌，vol. 28 (1987), pp. 962–974.
142) K. Sugihara and M. Iri, "A solid modelling system free from topological inconsistency", *Journal of Information Processing*, vol. 12 (1989), pp. 380–393.

143) K. Sugihara and M. Iri, "Construction of the Voronoi diagram for "one million" generators in single-precision arithmetic", *Proceedings of the IEEE*, vol. 80 (1992), pp. 1471–1484.

144) K. Sugihara and M. Iri, "A robust topology-oriented incremental algorithm for Voronoi diagrams", *International Journal of Computational Geometry and Applications*, vol. 4 (1994), pp. 179–228.

145) 田口　東，岸本一男，伊理正夫，"複雑な線図形の長さを積分幾何学を用いて測定する方法に関する理論的・実験的解析"，計測自動制御学会論文集，vol. 17 (1981), pp. 396–402.

146) 高安秀樹，"フラクタル"，朝倉書店，東京，1986.

147) 譚　学厚，平田富夫，"計算幾何学入門"，森北出版，東京，2001.

148) D. Waltz, "Understanding line drawings of scenes with shadows", In P. H. Winston (ed.): "The Psychology of Computer Vision", McGraw-Hill, New York, 1975, pp. 19–91.

149) L. Weinberg, "A simple and efficient algorithm for determining isomorphism of planar triply connected graphs", *IEEE Transactions on Circuit Theory*, vol. CT-13 (1966), pp. 142–148.

150) S. Yamakawa and K. Shimada, "Triangular/quadrilateral remeshing of an arbitrary polygonal surface via packing bubbles", *Proceedings of Geometric Modeling and Processing*, 2004, pp. 153–162.

151) C.-K. Yap, "A geometric consistency theorem for a symbolic perturbation scheme", *Journal of Computers and System Sciences*, vol. 40 (1990), pp. 2–18.

152) C.-K. Yap, "Symbolic treatment of geometric degeneracies", *Journal of Symbolic Computation*, vol. 10 (1990), pp. 349–370.

153) C.-K. Yap, "Towards exact geometric computation", *Computational Geometry: Theory and Algorithms*, vol. 7 (1997), pp. 3–23.

154) C.-K. Yap and T. Dubé, "The exact computation paradigm", In D.-Z. Du and F. K. Hwang (eds.): "Computing in Euclidean Geometry", World Scientific, Singapore, 1995, pp. 452–486.

155) 吉田清範，"代数的な量の符号判定に必要な計算精度"，電子通信学会論文誌，vol. J69-A (1986), pp. 543–547.

156) B. Zalik, "An efficient sweep-line Delaunay triangulation algorithm", *Computer-Aided Design*, vol. 37 (2005), pp. 1027–1038.

索　　引

3 次元ドロネー図 (three-dimensional Delaunay diagram)　107
3 次元ボロノイ図 (three-dimensional Voronoi diagram)　107
3 連結 (3-connected)　162
k 階ボロノイ図 (order-k Voronoi diagram)　106
L_p 距離 (L_p-distance)　92
L_p 距離ボロノイ図 (L_p-distance Voronoi diagram)　92
L_∞ 距離 (L_∞-distance)　92
NP 完全 (NP-complete)　162

あ　行

アイソヒドラルタイリング (isohedral tiling)　174
アフィン結合 (affine combination)　160
アポロニウスの円 (Apollonius circle)　101

位相幾何学 (topological geometry)　2
位相優先法 (topology-oriented method)　70
一般化ボロノイ図 (generalized Voronoi diagram)　89
一般図形ボロノイ図 (general-figure Voronoi diagram)　104

ウォード法 (Word Method)　85

エッシャー化問題 (Escherization problem)　173
円 (circle)　91
　アポロニウスの—— (Apollonius circle)　101
円ボロノイ図 (circle Voronoi diagram)　100, 104

オーダ (order)　13
重み (weight)　97

か　行

海岸線の長さ (length of a sea-shore line)　146
可換 (commutative)　34
可換群 (commutative group)　34
可視グラフ (visibility graph)　138
加重距離 (weighted distance)　100
加重ボロノイ図 (weighted Voronoi diagram)　100
加法的重み (additive weight)　100
加法的加重距離 (additively weighted distance)　100
加法的加重ボロノイ図 (additively weighted Voronoi diagram)　100
空送り (pen-up movement)　150
環 (ring)　34
完全マッチング (complete matching)　153
観測点 (data point)　156

偽 (false)　7
幾何的フラクタル図形 (geometric fractal figure)　148
記号摂動 (symbolic perturbation)　38
擬スカラー (pseudoscaler)　9
基本道 (primary path)　166
逆元 (inverse element)　34
球面ボロノイ図 (spherical Voronoi diagram)　109
球面ボロノイ領域 (spherical Voronoi region)　109

共形ドロネー三角形分割 (conformal Delaunay triangulation) 119
局所ドロネー化 (local satisfaction of Delaunay properties) 81
局所ドロネー性 (locally Delaunay property) 81
距離 (distance) 89, 132
寄与領域 (contributing area) 158

クイックハル (quick hull) 17
空円 (empty circle) 73
空間複雑度 (space complexity) 14
組合せ幾何学 (combinatorial geometry) 4
グラフ (graph) 131

計算幾何学 (computational geometry) 2
経路 (path) 131
結合的 (associative) 34
厳密計算法 (exact-computation method) 30, 68

弧 (arc) 131
交差判定 (intersection test) 42
交点列挙 (detection of all intersections) 49
合同 (congruent) 163
合同変換 (congruent transformation) 163
国土の面積 (land area) 145
骨格線 (skeleton) 139
コッホ曲線 (Koch curve) 147

さ 行

最遠点ドロネー三角形分割 (farthest-point Delaunay triangulation) 96
最遠点ドロネー図 (farthest-point Delaunay diagram) 96
最遠点ボロノイ図 (farthest-point Voronoi diagram) 95
最小完全マッチング問題 (minimum complete matching problem) 154
最小張木 (minimum spanning tree) 73
最短経路 (shortest path) 132

三角形分割 (triangulation) 79
　制約つき—— (constrained triangulation) 118
時間複雑度 (time complexity) 13
識別可能 (distinguishable) 167
識別不可能 (indistinguishable) 167
辞書式順列 (lexicographic order) 80
次数 (degree) 131, 150
自然近傍 (natural neighbor) 158
自然近傍補間 (natural neighbor interpolation) 160
視線単調性 (ray monotonicity) 123
下側包絡面 (lower envelope) 122
始点 (initial vertex) 165
四面体メッシュ (tetrahedral mesh) 128
射影幾何学 (projective geometry) 2
重心ボロノイ図 (barycentric Voronoi diagram) 83
終点 (terminal vertex) 165
述語 (predicate) 7
順序 (order) 32
順序環 (ordered ring) 34
順序つき k 階ボロノイ図 (ordered order-k Voronoi diagram) 105
順序なし k 階ボロノイ図 (unordered order-k Voronoi diagram) 106
障害物 (obstacle) 101
障害物回避距離 (collision-avoidance distance) 101
障害物回避距離ボロノイ図 (collision-avoidance Voronoi diagram) 101
障害物回避経路 (collision-avoidance path) 137
障害物回避最短経路 (collision-avoidance shortest path) 137
乗法的重み (multiplicative weight) 100
乗法的加重距離 (multiplicatively weighted distance) 100
乗法的加重ボロノイ図 (multiplicatively weighted Voronoi diagram) 100

真 (true)　7
真理値 (truth value)　7

垂直もち上げ (vertical lifting)　122
図形の次元 (dimension of a figure)　149
スリーバー (sliver)　128

制限ボロノイ領域 (restricted Voronoi region)　83
整数帰着法 (reduction to integer arithmetic)　30
生成元 (generator)　54, 89
正則三角形分割 (regular triangulation)　122
制約 (constraint)　118
制約つき三角形分割 (constrained triangulation)　118
制約つきドロネー三角形 (constrained Delaunay triangle)　118
制約つきドロネー三角形分割 (constrained Delaunay triangulation)　118
接続対 (incidence pair)　181
接続辺 (link)　131
節点 (node)　131
全順序集合 (totally ordered set)　33
線分ボロノイ図 (line-segment Voronoi diagram; segment Voronoi diagram)　104

双曲幾何学 (hyperbolic geometry)　2
走査線 (sweep line)　45
測地距離 (geodesic distance)　108
ソート (sort)　16

た　行

対応する道 (corresponding path)　167
退化 (degeneracy)　8
退化している (degenerate)　21
退化ボロノイ点 (degenerate Voronoi point)　55
タイリング (tiling)　173
　単一タイルによる—— (monohedral tiling)　173
タイリング可能図形 (tilable shape)　174
タイリング頂点 (tiling vertex)　174
タイリング辺 (tiling edge)　174
タイル (tile)　173
楕円幾何学 (elliptic geometry)　2
楕円距離 (elliptic distance)　94
楕円距離ボロノイ図 (elliptic-distance Voronoi diagram)　94
多角形ボロノイ図 (polygon Voronoi diagram)　104
多項式環 (polynomial ring)　34
単位元 (unit element)　34
単一タイルによるタイリング (monohedral tiling)　173
端点 (terminal vertex)　131
単連結 (simply connected)　164

逐次添加構成法 (incremental-construction method)　16, 64
張木 (spanning tree)　73
頂点 (vertex)　56, 131, 162
頂点・稜線グラフ (vertex-edge graph)　162
直線的骨格線 (straight skeleton)　145
直線的ボロノイ図 (straight line Voronoi diagram)　145

同型 (isomorphic)　162
統計的フラクタル図形 (statistic fractal figure)　148
等長 (isometric)　163
閉じたボロノイ図 (closed Voronoi diagram)　56
凸 (convex)　6
凸包 (convex hull)　7
隣り (adjacent)　132
ドロネー三角形 (Delaunay triangle)　73
　制約つき—— (constrained Delaunay triangle)　118
ドロネー三角形分割 (Delaunay triangulation)　73
　制約つき—— (constrained Delaunay

triangulation) 118
ドロネー図 (Delaunay diagram) 72
ドロネー多角形 (Delaunay polygon) 73
ドロネー辺 (Delaunay edge) 73

な 行

内角昇順列 (increasing list of inner angles) 79
長さ (length) 131, 132
　海岸線の―― (length of a sea-shore line) 146

二等分曲線 (bisector) 90

ネットワーク (network) 131
ネットワークボロノイ図 (network Voronoi diagram) 135

は 行

背景空間 (underlying space) 89
バケット (bucket) 67, 154
バケット法 (bucket method) 155
パワー (power) 97
パワー図 (power diagram) 97
半群 (semi group) 34

ひと筆描き (single-stroke drawing) 150
ヒープソート (heap sort) 16

不可能物体 (impossible object) 185
浮動小数点加速 (floating-point accelleration) 40
フラクタル (fractal) 147
フラクタル次元 (fractal dimension) 149
分配律 (law of distribution) 34

平面グラフ (planar graph) 162
平面走査法 (plane-sweep method) 45
辺 (edge) 56, 131
ペンローズの三角形 (Penrose triangle) 185

包含円 (enclosing circle) 96
包装法 (gift-wrapping method) 18
包絡面 (envelope) 122
補間 (interpolation) 156
母点 (generating point) 54, 73
ホモトピー同値 (homotopically equivalent) 142, 143
ボロノイ図 (Voronoi diagram) 53
　閉じた―― (closed Voronoi diagram) 56
ボロノイ点 (Voronoi point) 54, 89
ボロノイ辺 (Voronoi edge) 54, 89
ボロノイ面 (Voronoi face) 107
ボロノイ領域 (Voronoi region) 53, 89

ま 行

マージソート (merge sort) 16
マッチング (matching) 153
マンハッタン距離 (Manhattan distance) 91
マンハッタン距離ボロノイ図 (Manhattan-distance Voronoi diagram) 91

向きを保存する (orientation-preserving) 163
無限小 (infinitesimal) 32

面 (face) 162
面・稜線グラフ (face-edge graph) 163

目標図形 (goal shape) 174

や 行

屋根 (roof) 145

有向道 (directed path) 165
ユークリッド幾何学 (Euclid geometry) 1

ら 行

ラゲール距離 (Laguerre distance) 97
ラゲールドロネー図 (Laguerre Delaunay

diagram) 98
ラゲールボロノイ図 (Laguerre Voronoi
　　　diagram) 97
ラプラス平滑化 (Laplacian smoothing)
　　　115

稜線 (edge) 162

例外 (exception) 8
連結 (connected) 132
連接 (concatination) 142

ロバスト (robust) 68

著者略歴

杉原厚吉(すぎはらこうきち)

1948 年　岐阜県に生まれる
1973 年　東京大学大学院工学系研究科修士課程修了
1981 年　名古屋大学大学院工学研究科助教授
1991 年　東京大学大学院工学系研究科教授
現　在　明治大学大学院先端数理科学研究科特任教授
　　　　東京大学名誉教授
　　　　工学博士

数理工学ライブラリー1
計 算 幾 何 学　　　　　　　　　定価はカバーに表示

2013 年 6 月 15 日　初版第 1 刷

著　者	杉　原　厚　吉
発行者	朝　倉　邦　造
発行所	株式会社　朝　倉　書　店

　　　　　　　　　東京都新宿区新小川町 6-29
　　　　　　　　　郵 便 番 号　162-8707
　　　　　　　　　電　話　03(3260)0141
　　　　　　　　　Ｆ Ａ Ｘ　03(3260)0180
〈検印省略〉　　　　http://www.asakura.co.jp

Ⓒ 2013〈無断複写・転載を禁ず〉　　中央印刷・渡辺製本

ISBN 978-4-254-11681-6　C 3341　　Printed in Japan

JCOPY　〈(社)出版者著作権管理機構　委託出版物〉

本書の無断複写は著作権法上での例外を除き禁じられています．複写される場合は，そのつど事前に，(社) 出版者著作権管理機構 (電話 03-3513-6969，FAX 03-3513-6979，e-mail: info@jcopy.or.jp) の許諾を得てください．

東大 室田一雄・青山学院大 杉原正顯編
東大 室田一雄・東北大 塩浦昭義著
数理工学シリーズ2
離散凸解析と最適化アルゴリズム
11682-3 C3341　　A 5 判 224頁 本体3700円

解きやすい離散最適化問題に対して統一的な枠組を与える新しい理論体系「離散凸解析」を平易に解説しその全体像を示す。〔内容〕離散最適化問題とアルゴリズム(最小木，最短路など)／離散凸解析の概要／離散凸最適化のアルゴリズム

東海大 秋山　仁著
入門〈有限・離散の数学〉2
グラフ理論最前線
11420-1 C3341　　A 5 判 132頁 本体2600円

離散数学の最も大きな分野であるグラフ理論とその関連領域について，基本的な定理・重要な定理と研究史を概観し，最新の問題や予想を解説する〔内容〕日本のグラフ理論の歩み／グラフ理論の重要定理早わかり／関心の集まる予想・問題／付録

茨城大 加納幹雄著
入門〈有限・離散の数学〉6
情報科学のための グラフ理論
11424-9 C3341　　A 5 判 184頁 本体3000円

情報科学に必要なグラフ理論を，豊富な具体例と応用問題を織りまぜて基礎からわかりやすく解説〔内容〕基礎／グラフとパズル／コンピュータ表現／最短経路と周遊問題／木と全域木／平面グラフ／彩色／ネットワークと流れ／グラフの構造／他

前東大 茨木俊秀・京大 永持　仁・小樽商大 石井利昌著
基礎数理講座 5
グラフ理論
—連結構造とその応用—
11780-6 C3341　　A 5 判 324頁 本体5800円

グラフの連結度を中心にした概念を述べ，具体的な問題を解くアルゴリズムを実践的に詳述〔内容〕グラフとネットワーク／ネットワークフロー／最小カットと連結度／グラフの木構造／最大隣接順序と森分解／無向グラフの最小カット／他

前東女大 小林一章著
すうがくぶっくす11
曲面と結び目のトポロジー
—基本群とホモロジー群—
11471-3 C3341　　A 5 変判 160頁 本体2800円

基本群とホモロジー群の長所を組み合わせ，曲面と結び目の話を中心にトポロジーのおもしろさを展開。〔内容〕曲面／多様体／連結和／基本群／ホモトピー／ティーツェ変換／ザイフェルトファンカンペンの定理／ホモロジー群／位相空間／他

明大 杉原厚吉著
応用数学基礎講座10
トポロジー
11580-2 C3341　　A 5 判 224頁 本体3800円

直観的なイメージを大切にし，大規模集積回路の配線設計や有限要素法のためのメッシュ生成など応用例を多数取り上げた。〔内容〕図形と位相空間／ホモトピー／結び目とロープマジック／複体／ホモロジー／トポロジーの計算論／グラフ理論

大阪市大 枡田幹也著
講座 数学の考え方15
代数的トポロジー
11595-6 C3341　　A 5 判 256頁 本体4200円

物理学など他分野と関わりながら重要性を増している代数的トポロジーの入門書。演習問題には詳しい解答を付す。〔内容〕オイラー数／回転数／単体的ホモロジー／特異ホモロジー／写像度／胞体複体／コホモロジー環／多様体と双対性

東工大 小島定吉著
講座 数学の考え方22
3 次元の幾何学
11602-1 C3341　　A 5 判 200頁 本体3600円

曲面に対するガウス・ボンネの定理とアンドレーフ・サーストンの定理を足がかりに，素朴な多面体の貼り合わせから出発し，多彩な表情をもつ双曲幾何を背景に，3次元多様体の幾何とトポロジーがおりなす豊饒な世界を体積をめぐって解説

北陸先端科技大 浅野哲夫著
計算幾何学
11053-1 C3041　　A 5 判 244頁 本体4500円

幅広い分野での応用が期待できる計算幾何学の基礎を，方法論に重点をおいて解説。〔内容〕1次元の問題と基本的なデータ構造／凸多角形に関する問題／計算幾何学の基本的な技法／凸包問題／多角形領域の基本図形への分解／可視性問題

ソニーコンピュータサイエンス研 高安秀樹著
フラクタル (新装版)
10235-2 C3040　　A 5 判 200頁 本体2900円

フラクタルの概念を改めて問い直し，思考の革命をはかる，読者に圧倒的な支持を得た名著。毎日出版文化賞特別賞受賞。〔内容〕フラクタルとは何か／自然界の—／コンピュータの—／理論的な—モデル／—を扱う数学的方法／—の拡張と注意

上記価格（税別）は 2013 年 5 月現在